全国高等教育艺术设计专业规划教材

Introduction to Basic Modeling Design

基础造型
设计概论

盛建平　龚睿琪　**编著**

中国轻工业出版社

图书在版编目（CIP）数据

基础造型设计概论 / 盛建平，龚睿琪编著. —北京：
中国轻工业出版社，2018.7
全国高等教育艺术设计专业规划教材
ISBN 978-7-5184-1955-5

Ⅰ.①基… Ⅱ.①盛… ②龚… Ⅲ.①造型设计—产
品设计—高等学校—教材 Ⅳ.①TB472.2

中国版本图书馆CIP数据核字（2018）第094949号

内 容 简 介

基础造型是一切产品形态设计的来源，造型作为人与机器的"桥梁"多用心理量来评价，作者探讨各种教学手段以期获得有效的设计思想和方法，并集近40年从事产品设计和教学的经历，从工程思维、审美共性和艺术实践角度进行总结写就此书，不图轰轰烈烈，只求平心静气分享设计感悟，主张独立思考摒弃人云亦云。因此本书所用图片多为原创，虽显粗陋但却反映了实在的思考印迹。行文表述则涉及设计的基本思想而不针对具体造型，以期读者能理解造型设计应掌握的"大思想"，在"稳、准、狠"的基础上演绎"新、奇、巧"。

责任编辑：林　媛　　责任终审：劳国强　　整体设计：锋尚设计
策划编辑：林　媛　　责任校对：吴大鹏　　责任监印：张　可

出版发行：中国轻工业出版社（北京东长安街6号，邮编：100740）
印　　刷：北京富诚彩色印刷有限公司
经　　销：各地新华书店
版　　次：2018年7月第1版第1次印刷
开　　本：889×1194　1/16　印张：7.5
字　　数：232千字
书　　号：ISBN 978-7-5184-1955-5　定价：48.00元
邮购电话：010-65241695
发行电话：010-85119835　传真：85113293
网　　址：http://www.chlip.com.cn
Email：club@chlip.com.cn
如发现图书残缺请与我社邮购联系调换
170221J1X101ZBW

前　言
PREFACE

本书是笔者从事设计教学过程中针对学生在做设计时出现的各种容易被疏忽的基本问题的思考，近几年来，笔者在做设计案例和基础造型过程中觉得一款好设计不是寄期望所谓的灵感一现就能支撑的，那太不专业。没有深入的对美的形态的理解，做出的造型大多是肤浅的，不成熟的，必须与学工程技术专业一样认真思考与探索。首先要学法、遵法、守法、用法，其次是疑法、破法，最终到无法、创造新法，这一切没有理性的思考是无法完成的。笔者发现，如果有能力创造出形态发散的良好的造型，只要适当结合工艺性并考虑造型元素在产品中要达到的功用与所处位置，就会使基础设计通向产品可能性的距离大大缩短，因此本书在讨论、演绎造型的过程中，将点、线、面、体的成分较多地予以分析与阐述。

本书旨在使初学（产品）设计者站在基础设计与通向产品设计的"桥梁"上，使之可以展望产品设计并能达到动手独立设计产品的能力。至于如何完善一个产品设计，则需要由门类更细的专业课程来解决，由于设计者所涉及的产品多种多样，因此更重要的是不断地与委托客户沟通。

牢牢站在造型立场上把握设计，一定会使初学者的经验越积越丰富，造型也会越做越精致，这是本书期望达到的目的。

在课堂上与学生交流会时不时涌出不少感触，确实是一种享受，习惯上把上大学叫"读书""深造"。但是读什么书？如何深造？则有不少人迷迷茫茫，这样一来，即使修完了所有的课程或许也无法架构起完整的、合乎自己的思想和知识体系。

无论是纯艺术还是设计艺术（如建筑，动画等），都属于上层建筑，即担当了提出并记录社会众生相和净化社会的责任，因此美院的学生不但要对美术思潮感兴趣，更要对教化社会予以足够的重视。

艺术家首先应该是思想家，艺术技能可以暂时逊色，但追求思想深度不可懈怠，米勒的《拾穗者》，巴斯蒂安·勒帕热的《刈草》，毕加索的《格尔尼卡》，罗丹的《加莱市民》，德拉克罗瓦的《自由引导人民》，陈逸飞、魏景山的《占领总统府》……无不是艺术家用心、用思想的深度来表达对社会的责任，以致历史学家还常常借助历代画作了解历史的曾经。

如果没有对社会的责任和宽泛的思维训练，单以技法为目的，即使技能炉火纯青，最多能博得别人的佩服，却很难赢得尊敬。

陈逸飞的大美术概念应该也会有这层意思吧？

单纯的技法训练其实不能称作"艺术"而是"匠术"——通过熟能生巧和程式化的学徒生涯达到"匠"的境界（"匠气十足"一向是固步、僵化、失去创新的代名词，也就敲响了艺术生命枯竭的警钟）。若果真如此的话，美术就只能属于经济基础而不是上层建筑范畴。

现代意义上，"艺术"是激发和启迪人的精神和思想的"催化剂"，与"教化"有密切的关系，所以艺术类学生要有比一般工科学生更深的文化思考，思想和眼界都要比他们来得高——毕竟大部分工科学生未来从事的是经济基础领域的工作。

这里就涉及到一个"素养"问题了，如果没有高素养，未来的作品就必然是浅薄或只能是养眼之物，甚至会流于低俗而浑然不知。所以，就同设计一样，支撑作品的是思想，艺术类学生在中外历史、地域文化、民风民俗研究方面应该有广泛的学习和思考，唯有如此，未来的作品才会有厚度，艺术生命之树才能枝繁叶茂，更不会"庸入"匠的行列。

"天真、幼稚"是指严重不切实际，尤其是当今中国现实，是理想化的"乌托邦"，但回眸艺术史长河，或许这种"天真"是一种"天道"。例如建筑艺术，无疑凝固了人类文化的脚印，承载着重重的社会发展史，从公元前四千纪到十五世纪的文艺复兴，艺术家，建筑师与政教就没有脱离过关系，其对社会的影响作用不言而喻。

再来谈谈"才"的问题，之所以你能进入艺术领域学习是因为你比别人多了几份形象表达的"天赋"——将抽象转化为具象的能力，这是你代言思想的本钱之一，要花大力气研究和实践，

但这只是手段而不是目的。用恰当的表现手法传达美感，使受众领悟思想或引发思考才是艺术的目的。

博览群书加上你确实具备的"天赋"而不是"硬画"，明白担当的责任，这是我定义的一位合格艺术家的基本标准，否则最多只是一介画师而已。

艺术与设计是水与舟的关系，水有多高，舟就会被托到多高——大众的艺术素养的提高迫使设计必须上一个新台阶，但是，如果把设计完全与艺术等同起来就是迷失了自己的方向，此舟必被翻入水底。

本书不涉及具体产品的全面开发，也不涉及材料与工艺等问题，更不谈及设计表现的种种技法，仅从造型美的角度尝试通过多年的实践谈一些感悟与读者共勉，有些思想会有失偏颇，主要是想起到抛砖引玉的作用。总体希望沉下心来从容地讨论一些设计上共性的问题，所以所举例的造型并不全是商业性产品，从建筑创意、室内设计、景观造型、纯艺术造型、平面设计均有涉及，作品也从写生稿、实物模型、手绘效果图到计算机平面设计、三维建模无所不包，绝大多数是笔者或笔者指导下的原创作品，试图让读者结合大量的案例来理解本书所述的造型设计美的基本法则方面的内容。

狭义的造型是做一个心仪的

外形，广义的造型是一个合理的造物过程的结果，这个"合理"涵盖了结构、强度、功能、人机关系的理解等，要完成一个设计，上述思考是一个有机体，缺一不可，厚此薄彼只会造成构架专业知识体系的缺憾。

按造型目的可以分为两大类作为纯视觉领域的艺术造型和服务于实用功能的产品造型。现在大多数人都已经把"造型"作为一个名词来应用，笔者更愿意将"造型"当作动词来看待："造一个型"，这样就把重点定位在造一个型的过程中而不是单看结果，这就是本书试图探讨的主要内容和写本书的目的。

本质上，纯艺术一般为上层建筑，而产品的造型设计是服务于经济基础。

艺术造型通过独到的手法和技巧担负教化民众的责任，实用造型则以提高产品的层次继而提升产品的附加值为目的，用技术手段获得更大的经济利益。

纯艺术造型和实用造型的最终目的不同，但其过程却有很类似的地方：一个共同点是首先要让人乐意接受，一个丑陋的艺术造型如果不能为人接受，那么其要达到的教育目的也会落空。同样，一个粗鄙的产品造型如果不为消费者待见，那么它也不能获得想要的经济效益。

在经济欠发达物资匮乏时期商品求大于供，如果提供的产品

能降低劳动强度或提高效率就可能会赢得众多消费者，产品造型（指产品的人机交互、美观、好用等）还不为人们所重视，但是随着生产力提高，物质丰富到供大于求的时候，就会有同质化产品泛滥的现象出现。抢占市场首先需要功能创新的竞争、内在质量的竞争。其次是产品"好用"的竞争，同样功能的产品经用户体验后，必然会优胜劣汰，这种"好用"是与用户的行为密切相关。再者是"好看"，一向严肃的密斯·凡德罗也讲过"如果你认识一对孪生姐妹，她们都有运动员的体型，有教养，有财产，能生育，然而一个漂亮一个不漂亮，那你和谁结婚呢？"。说明产品的造型美也是一个重要的设计课题，一款造型优良的产品除了可以获得更多的市场份额外，还能在传播美学（精神文明范畴）方面起到比纯艺术作品影响面广泛得多的作用。

由此可见，造型肩负着两个方面的使命：就企业来说，需要良好产品形象获得市场最大程度的认可；就用户来说，在激烈的买方市场中必然会选择"好用又好看"的产品。造型设计成为非独立的创新产品环节中的重要一环。

根据产品功能可以将产品分成几大类，不同种类对造型的要求有时差异极大。例如，家具类中的人体家具尺寸要素比视觉要素重要得多，一把椅子的尺寸不对，做得再精致，再漂亮也会被人弃之。因为它首先是用来坐的而不是看的，试想拖着疲惫的身子还要瘫坐在一把让人浑身不舒服的椅子上的心情是多么令人沮丧。而准人体家具（例如橱柜）则视觉要素的重要性不可小觑，毕竟橱类家具只要有合理的储物空间足矣，几百年来内部结构变化并不大，但款式变化则"你方下台我登场"不亦乐乎。这是消费者日益成熟的眼光在外部向生产商"施压"：没有良好、新颖的造型基本上会失去市场。

即使造型艺术作品可以批量化定制，它还是属于个体（或团体）体现个性化的一种表达手法，因此不可能达到普通产品那样规模化生产。艺术造型的价值也正在于这种特性：一旦在市场上规模化出现，艺术的价值就会很快被急剧稀释——其基本没有实用功能的特性与百姓的日常生活需求相去甚远。

产品造型设计却恰恰相反，不能规模化生产的造型即使形态再好也会因成本高企而被舍弃，也就是说，产品造型是在现代制造业及先进技术支撑下的一种文化创造。

之所以说"造型是一种文化创造"是因为产品的使用者是人，人们在使用产品时并不一定会去关心内部构造或工作原理，即使到了报废期都少有人关心。但在使用的第一天就触及到了造型：形状辨识、操作的便利性、收纳语义、大小色彩等，这种"触及"会陪伴到产品的全部使用过程。

可以这样说，工业设计是工程设计与社会受众间达到良好匹配的桥梁。它与工程有交集，但不是工程设计，也不应该越俎代庖，表述得再浅白一些：工业设计关注的是社会需要什么样的新东西（集新功能、新形式、新色彩、新材料等），规划出一个产品的概念，如果经调研有良好的市场价值，就交由工程部门落实具体的细化设计，选择材料和工艺研究，最大程度地实现这一概念，这个过程与工程人员的技术交流是必不可少的，就是所谓的"交集"——你的材料、结果和工艺知识越丰富，你的设计可行性和维护设计的原创力就越强。

即使是狭义的造型，够学习和钻研半辈子，更不要说广义的造型概念了。

所以本书阐述从最基本的造型美学开始。

良好的设计是一种理性的规划，更是一种富有独创性的创意，因此很难将其编制成绝对的准则，也不存在绝对的样板。因此，本书的阐述仅是一面之见，不当之处一定很多，希望得到社会同仁的关照与批评。

盛建平
2018 年 3 月于上海大学

目 录
CONTENTS

第四章　求美百草园

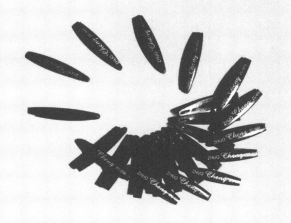

第一章
捕捉美感

1.1 美是客观的又是主观的

莎士比亚有句名言是："一千个人的眼里就有一千个哈姆雷特"（There are a thousand Hamlets in a thousand people's eyes.），似乎在否定人"知觉"中的某些"共性"，自古以来就有人怀疑是否存在审美的统一标准，笔者认为其实美是可以分层次的，低层次的美是"平常""正常""路人甲"；上一个层次就是"非常""吸引人"；再上一个层次就是"出挑"并能"耐看"……直至最高层次（例如反映节能的，环保的崇高之"美"等），由此可见不同阶段、不同环境（包括经济环境）人们感知到美的意识是不同的。一个出生不久的婴儿，由于没有"社会阅历"，对很多美是无法体验和欣赏的，对形的判断力也是有限的。因此婴儿玩具会做得非常单纯：球或带大圆弧的立方体，等等，但颜色会做得比较鲜艳。这也是基于婴儿的视觉生长还没有完全健全，饱和度高的色彩易于识别，如图1-1和图1-2，当婴儿哭闹不停时这些玩具往往可以使他（她）安静片刻。什么原因？就是最低层次的美在起作用：让婴儿有了可以愉悦自己的"美的东西"。而且这种"美的东西"是相对被肯定的——在一段时间内重复几次照样有效。说明不管有意识无意识，美是有标准的。

科学家发现，河边的一些小鸟会挂在树枝上把河

图1-1 真实树叶拼成的色彩效果

图1-2 彩线产生的肌理

面当镜子梳理自己的羽毛，说明动物也有自己认识美的标准。

在一些生产力不高的地区，健康有力是维系生存的重要保证，因此男人娶妻最看重的就是女人要"健康有力"，如图1-3和图1-5，他们从这样的女人身上看到了"美好的未来"。而亭亭玉立细皮嫩肉的美女在他们眼里根本就是不屑一顾，但是如果现代技术使生产力提高，人们的劳动不再依赖体力，人的体力不再是生活的必需部分的时候，美的标准就会发生变化，如图1-4。

上述三个浅例大概可以解释：①美是存在的；②美是有标准的；③美是有层次的。

图1-3　欧洲油画反映生活美（一）

图1-4　现代年轻人的美学趣味

图1-5　欧洲油画反映生活美（二）

1.2 美在哪里？

史记中有云："桃李不言，下自成蹊"。撇开赞美孔夫子不谈，单从本义可延伸为：桃李之"美"树木固然不知，只是因为人们觉得其"美好"，才会"下自成蹊"。这从另一个侧面证明了审美"主观性"的重要，没有发现美的眼睛，任何"美的事物"就只是一种普通物（现象）的存在而已，即印证了柳宗元所说："美不自美，因人而彰"。笔者认为在设计师眼里应该没有丑的东西，只有因能力不济而无法发现对象的美，如图1-6所示。这就是法国设计师飞利浦斯·达克所说的"见人所不见"的能力，笔者还要补充一句：要培养"思人所不思""察人所不察"的意识，如图1-7所示。

常言道"爱美之心人皆有之"。说明随着人们成长道路上的各种经历都会逐渐滋养成某些审美的下意识，这对女性尤是如此，几乎所有的女性都会凭直觉判断一块花布的美丑，甚至对室内设计中的色调和谐与否也会在第一时间提出建议。从这个层面而言，审美已经是人人皆有的基本能力了。所以对热爱设计专业的初学者来说，审美能力是必须要花大量时间和精力训练的，而且要练就到具有足够的专业度才能在展开设计时对美的事物的捕捉具备先于常人的嗅觉和敏感性。

（a）

（b）

（c）

（d）

图1-6　形态变异

✔️ 任何生物，在其族群中，都有丑美之分.我们要做的，是要练就找到最美癞蛤蟆的眼光。

（a）　　　　　　　　　　（b）　　　　　　　　　　（c）

（d）　　　　　　　　　　（e）　　　　　　　　　　（f）

图1-7　一组灵感来自百足虫的设计案例

1.3　既然美是经验，如何获得这些经验？

　　首先需要说明的是，设计专业和工程专业之间有一个人们不愿意承认但又客观存在的事实：学设计确实需要有一定的（先天）天赋的，至少是从儿时就表现出对形象表达朦胧的爱，为考大学而速成的审美训练终究是走不长久的，社会企业对设计的认知是：设计要么不为之，要么就是最优秀的，所以"盲从"高考大部队进设计专业学习的学生大多会被淘汰掉，因为只有努力还是远远不够的，这是其一；其二是"灵感闪点"的获得：最有效的训练就是无时无刻不对美的实物感兴趣，通过各种经历提炼出美的初始元素，如图1-7所示。笔者认为，任何天生美的或天生丑的东西都有存在的理由，癞蛤蟆中一定有最美的几个，否则就不会绵延至今，科学家已经在不断研究挖掘出各种生物的天才本领，从形态到本能无所不包。而工

程师和设计师则不断地把这种能力转化为造福人类的产品，这就是美无处不在，美是客观的。

　　设计师未必站在科学家的立场剖析自然，设计师更需要从设计视角关注各种事物（现象）的形式为我所用。

　　东西方国家上及几千年，哲人、智者对美的定义很广，本书不涉及这一广泛议题，只分析设计中的美的解析，甚至就产品设计领域，美也有好几个方面的定义。本书所言及的美的概念极其狭义：只指视觉美和触觉美，如图1-8和图1-9。

　　人们在长期与自然交流过程中，通过抗争自然、认识自然、顺应但又改造自然中获得了无数的经验和习惯，并把这种普遍的经验"遗传"了一代又一代。例如，从大量健康的动植物身上看到了对称形体，因此认为"对称"是美的——体现了健康、完整；绿色是美的——象征着生长、生命力；山体是美的——稳

✔ 追求生动、灵性、新颖、健康向上、拒绝木讷、拒绝平庸、拒绝雷同、拒绝无趣无味

定、神秘、伟岸征服了人们……尽管今天我们的设计手法越来越多样化，可能会认为"对称、稳定"已经是过去时了，但是至今还没有一个公司敢于设计一辆完全不对称的车型出来，鉴于一般的审美观念，理应对称而不对称意味着"残缺、不完整和不健康"，任何生物如果缺胳膊断腿就是不正常的表现，即使是"萎缩"也不能容忍——因为缺少"正常"之美。21 世纪初随着计算机技术流行起来的有机建筑虽然大有成为新"国际主义"风格的趋势，但是也不乏头重脚轻、飘飘然的作品。笔者认为如果一幢建筑的稳重感还不及停在门口的几辆轿车是有问题的，这样的设计或许体现出风格形成初期的幼稚。

其实自然界很少有东西是绝对对称的，人们通过观察、通过整合再生成表现物，实现了数学意义上的对称，这就是设计，或者成为了具有文化含义的作品。一个不经人工干预的自然物可以很美，但不可以说有文化价值，如图1–10。美的一个层面是体现出文化之美。

如此说来，人类长期积累起来的美学观相当重要，必须被认真详细的研究分类发展以造福今天人们的生活，设计也必须遵循这些准则才能体现出设计作品的美感。

由于设计变化要比新材料进步、工艺技术进步的节奏快得多，因此设计不能像工程一样循规蹈矩，学习设计的过程也一定是从"学法"到"遵法"、"守法"，再到"疑法"，继而尝试"违法"——力图创新，最后达到"无法"的境界——设计的作品浑然天成，不留半丝僵硬的痕迹。

公认的设计法则已经不少，这些传统的法则有时经典到作出的设计达到"无错但无味"的程度，这固然有僵化地使用法则的因素，因而寻找新的美学方法也是设计实践者的责任。随着消费者品位的多样性和时代审美观的变化，新的法则的追求已经成为支撑未来设计的途径之一。

图1-8 古朴醇厚之美

图1-9 型的概括

"外师造化，中得心源"，一切美感的来源都归于自然，如图1-11至图1-14所示。捕捉深藏于角角落落的潜在的美成为设计师孜孜不倦的常年功课。这种美或是稍纵即逝的，或是要抽丝剥茧才能被发现的，或是踏破铁鞋无觅处但近在咫尺却被忽略了的，甚至是恶心到让常人捂着口鼻躲之不及的，但是如果你是学设计的，就设计意识而言你不应该等同"常人"。如果你能驻足、关注并思考了，或许这就是产生新的灵感的"圣地"。

美是一种感觉，这种感觉是通过润物细无声般地慢慢体验才能养成的。因此美是无法用几堂课教得会的，一个人的一生甚至几代人都无法彻底讲清楚美

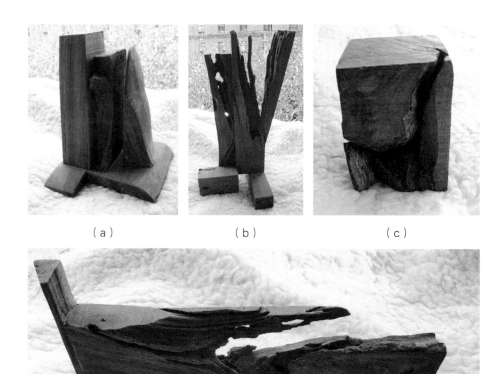

（a）　　　　　　　（b）　　　　　　　（c）

（d）

图1-10　自然物的残缺美

图1-11　含蓄之美

图1-12　寓意之美

图1-13 捕捉瞬间的趣味

图1-14 "以小见大"

到底是什么东西。所以与智者兜了一大圈后，苏格拉底不得不说"美是难的"。

但是，美是实实在在存在的，并且在发展，在时刻影响着人们的生活，从而引领着社会进步。

1.4 由此，我们应该坚定以下几个信念

单纯的美是存在的

复杂至极也会产生美

美在与众不同

美在于超越他人的细节

美在微妙之间的不同

美就是恰到好处

……

请见图1-15至图1-19所示。

（a）

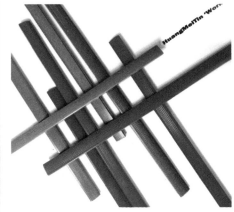

（b）

图1-15 普通物件产生的设计感（一）

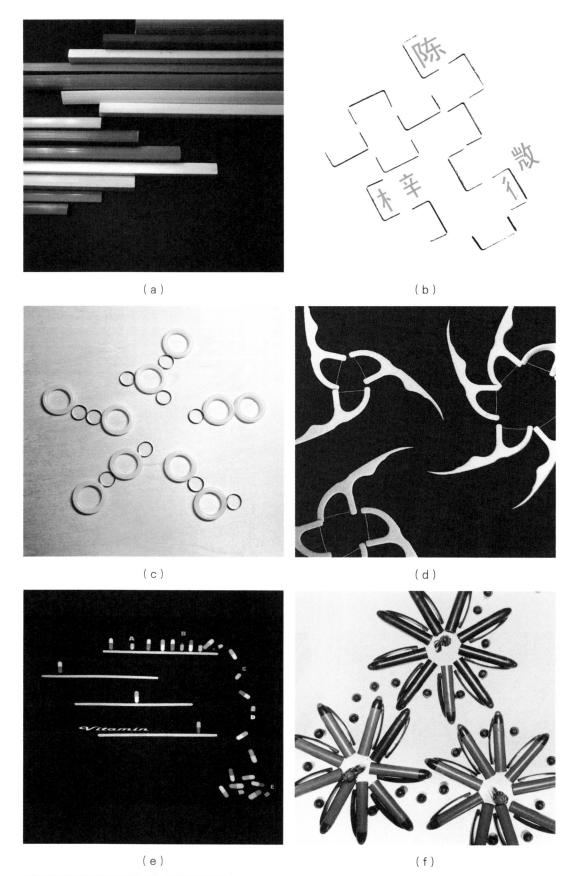

（a）

（b）

（c）

（d）

（e）

（f）

图1-16　普通物件产生的设计感（二）

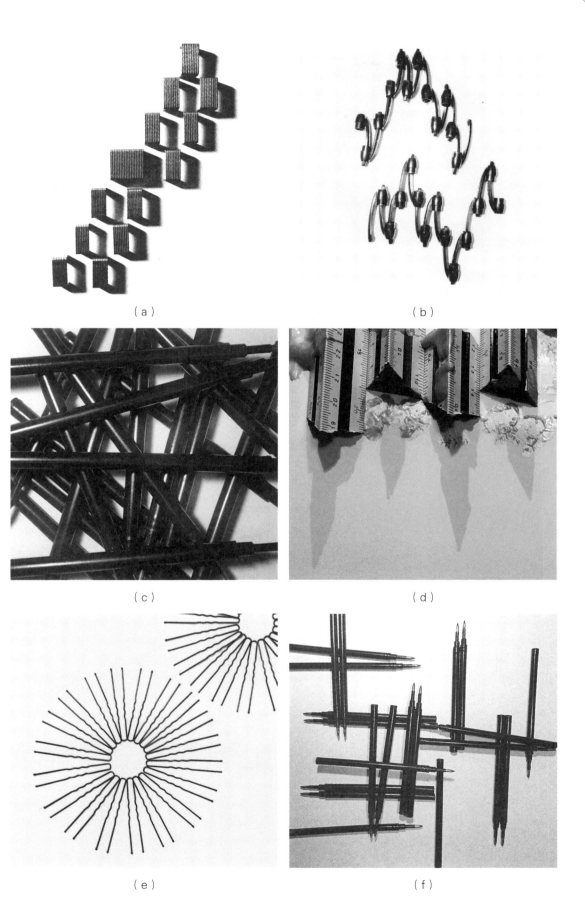

（a）　　　　　　　　　　　　　（b）

（c）　　　　　　　　　　　　　（d）

（e）　　　　　　　　　　　　　（f）

图1-17　普通物件产生的设计感（三）

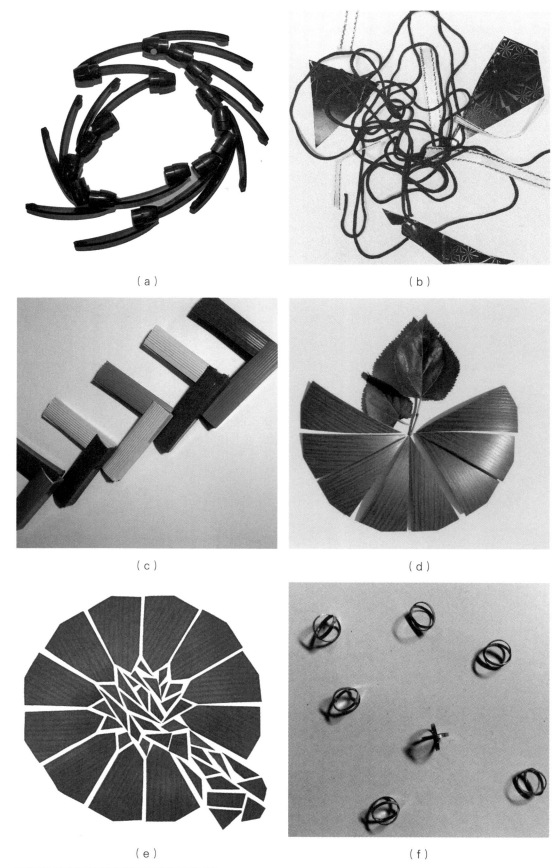

（a）

（b）

（c）

（d）

（e）

（f）

图1-18 普通物件产生的设计感（四）

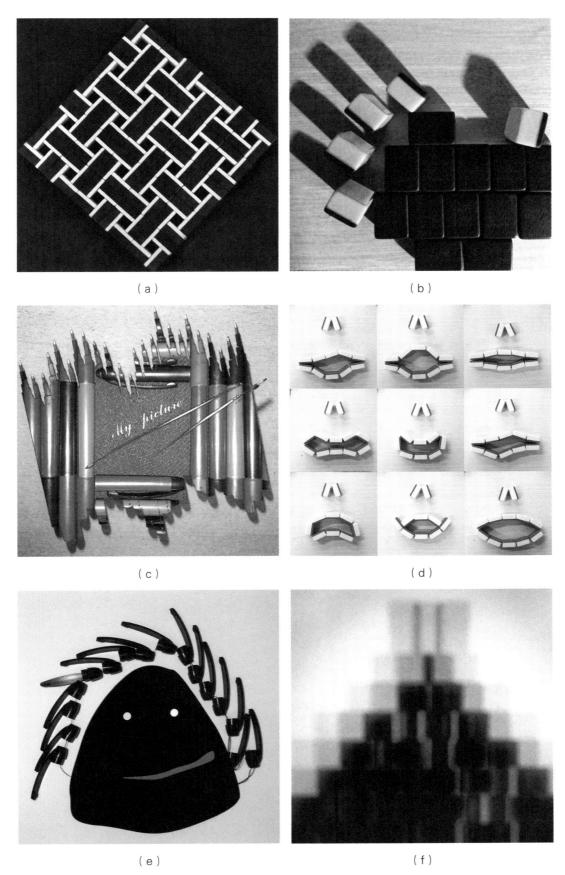

图1-19 普通物件产生的设计感（五）

练习题

1. 快速地任意画100根封闭曲线，而后逐个观察并快速在原线条上"重构"出最先联想到的造型（动植物或其变形，创造出形态的灵动性）。

2. 取10种果蔬从不同位置剖切，观察（草图或摄像记录）不同形态及变化关系，由此演绎成尽可能多的、尽可能差异大的、具有美感的造型。

3. 找一个最常见的昆虫，尽可能显微以"解剖"其各个部分的细节，分离成不同的形态特征，将之抽象并转换成有明确诉求的富有美感的造型。

4. 取一款司空见惯的小物品（足量，如回形针、瓶盖等），通过拆解，按自己的审美水平（即下章所述设计美学法则）重新排列、组合成尽可能多的结果，分析这种组合产生美感的原因（注意：要求一次组合只能用同一种材料，否则会破坏纯粹性而变得杂乱）。

第二章
美的多样性

2.1 意识决定成败

感性体验获得的美是直觉的美,难以用理性来解析。一幢古建筑给人以沧桑、古朴之美,加上有久远的故事可以联想,美由此产生。如果理性分析,无非一砖一瓦,一柱一梁,一人一天井而已。

使感官产生美感的是:美的局部与这些局部的边界之间(构成美的整体)的有机"缘分"。如图2-1所示。换言之,由绝对理性构成的物体往往会缺少真正的美感——用理性方法重构的只能是在"到此一游"之处比比皆是的"西施"像、"黛玉"像——缺乏个性魅力的、用"各个最美的局部"机械地拼凑成所谓的干尸般的"美女"而已。

美,或者美的生命力在于说不清道不明的愉悦感和不可描述的各自想象。在人的思想自由度高度释放的今天,试图把人紧固于一种口味实在是一种愚蠢。

平心而论,著名的维纳斯雕像的脸型也似乎综合了典型的古希腊女性特征,按今天的流行词叫"大众脸"——不是看一眼就能记住的有个性的那种。

如何让人理解你的见解?举个例子:就是要把人人都熟悉的巧克力味讲出与众不同的"味道"来,设计之美不但要达到大众普遍接受的美,更要挖掘设计师通过专业训练和独到眼光捕捉到的出乎大众意料的美,如图2-2所示。

你把一个别人没有品尝过的新口味描绘得再好,最多令人垂涎,但不会感觉到你有独特见地,当然也不会引起共鸣,你的重点和方向就完全错了,因此设计诉求要找到精准的切入点,把细枝末节铲除了,设计亮点才有可能出来,体现一目了然的美感,如图2-3所示。

如果流露出你只会对一种口味感兴趣,那你就离职业设计师的要求还有相当的距离(一些有成就的设计师策略性地保持自己的设计风格不属此列)。

图2-1　挖掘自然物潜在的美感

图2-2 古代审美与社会背景

2.2 形态设计的意义

几何学是研究空间或平面形态、相对位置的一门学科，与设计所关注的对象非常吻合，自古以来，从祭司到各色工匠就对几何学中人们经常接触到的一些基本形态做了大量的、有些是非常完善的研究，如图2-4所示。

作为设计用的"几何"，可能更多的是关注各种几何形态给人们视觉上、心理上的感受（美学价值），因此几何不但有数学意义，还有社会意义。

几何形有严格的数学描述，例如"球"——空间一个动点到一个定点的距离保持不变所得的轨迹（点）之和。这样精确定义的曲面在自然界几乎是不存在的，这也是为什么球放在自然物之间会显得那么的突兀的原因。

按照球的定义用"半径"一个参数就可以完全决定球的大小，因此球属于最单纯的几何体之一，"动点围绕着定点运动"的特征使之处处具有向心的语义，因此在视觉上球形体表现为绝对的"自我"，甚至"自恋"。

常见形态与非常形态：

我国成语中有"司空见惯""熟视无睹"等等来形容因为太容易见到而不以为然的现象，人们能经常见到的物体一般是指常态化的物体。所谓的"常态"化是相对的，是指在一个阶段形态没有明显的变化或处在正常周期性变化的物体，如图2-5所示。如果美

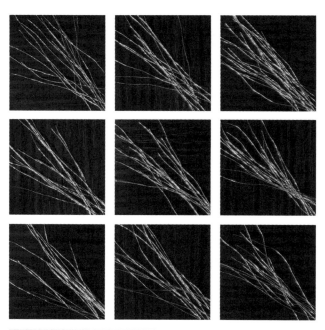

图2-3 "相似"产生设计感

仅从常态化的现象去找，这种美也会因"熟视"而流于平常。

罗丹在塑造人体时，常常会让模特的身躯或四肢摆出一种平常很少表现的姿势。这种姿势会使模特很难受，但强化了造型特征使画面感和视觉的冲击力很好，很艺术，或者说具有"艺术美"，设计造型要追求的也是这种有别于常态的美——初学者即使矫枉过正一些亦可，如图2-6。例如阳刚的对象要表现出其120%的阳刚；柔软的对象要表现出其120%的柔软，丑的形象要表现出其120%的丑，也就是强化特征。

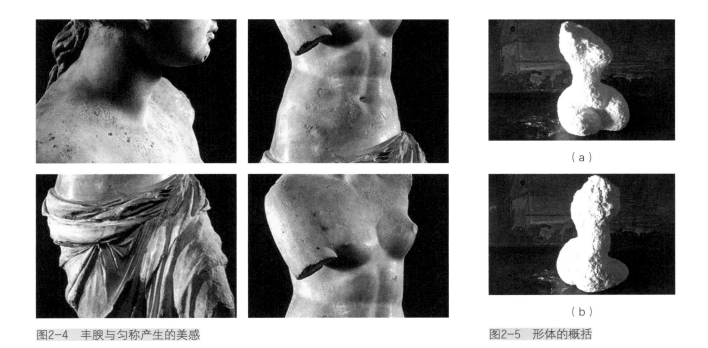

图2-4　丰腴与匀称产生的美感　　　　　　　　　　　　　　　图2-5　形体的概括

（a）

（b）

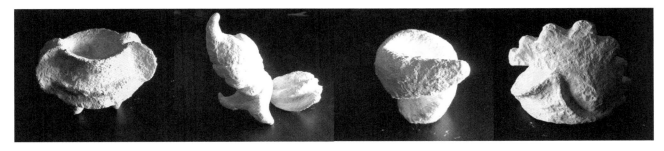

图2-6　抽象形态的视觉变化

2.3　关于变态

这里的"变态"是指对自然物的再创造。

主动地变态——把普通物体转变成更悦人的形态，在各种环境下生长的自然生物往往既有理性又有偶然性。设计的本质特征是"规律"两个字，偶然性的形态很难用数学以及计算机模拟，因而可能归集为艺术更合适，要把它应用于设计，则要通过设计师的优化（规律化）才能摆脱原生物的语义而为设计所用，如图2-7所示。

变态也可以认为是一种优化，因而具有更大的挑战性，就像所有的美好，大多数人能欣赏但未必人人都能创造。

就一个原生物而言，无所谓美丑，从生物进化角度理解，任何形态都有其存在的合理性，也就是进化后的结构必有其得意的"秘笈"。

设计师的任务就是学习这些"秘笈"，把各种生物的"美好"挖掘出来服务人类。

（a）

（b）

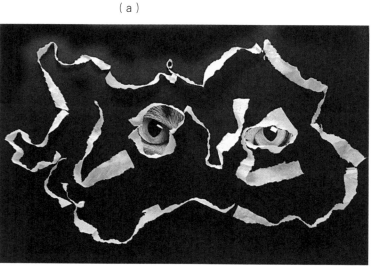

（c）

（d）

图2-7　只要有意识，无物不可成设计

2.4　点 、直线 、面之美

点：

数学意义上的"点"在自然界是不存在的，物理空间的任何实物都占有体积，只是这个物呈"团状"并且按这个"物"的体积在视觉上与环境空间相比足以忽略其体积感，则可以在视觉上认为是一个点，如图2-8所示。

另外，若有与其呼应的线存在，当粗细与点的体积大小差不多时，这个"团状物"也可以被视作"点"。

直线：

刚毅、阳刚、不偏不倚、视觉方向的引导性、直

爽、一目了然、简单，体现了其他几何元素少有的公正不阿，如图2-9和图2-10所示。

由于直线的单纯性，"直线"稍有不直会被察觉出，例如墙角（垂直）线的不直，屋顶（水平）线的不直，等等，所以直线一定要做到视觉能意识到的直。若工艺上不能做直宁可做成弧线状（即使这个弧线的曲率很小），一旦被识别为"弧线"那么其应该有的曲率就没有绝对的标准了，也就是说避免了"无法狡辩的错"，如图2-11和图2-12所示。

当以直线作为实体的轮廓线时，如果背景在视觉上是比实体柔软的物体，则在视觉上实体的轮廓线有向外凸的意味。反之，如果背景是比实体硬的物体，

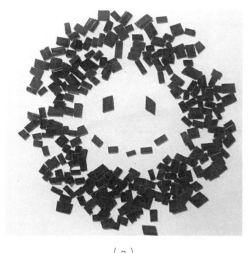

（a）

（b）

图2-8 点产生的趣味

图2-9 不同形式的块

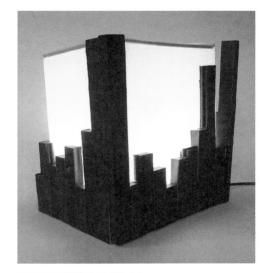

图2-10 灯具设计一例

则呈现趋于凹的感觉。

从这个层面上说，直线本身比较"讨巧"，还是比较容易驾驭的线。

封闭的线与开放的线：

按力学特性，结构封闭的线产生的强度要远高于开放线段，如果在面中含线，则封闭的线体现完整，而开放的线体现包容。

斜直线：

人们在体察某个形态时总有趋向积极的心理反应而不是消极的思维倾向。例如看到一条倾斜的直线，大部分人的第一反应是该直线在引导视线向上而不是向下，如图2-13说明观者有积极的生活态度。

但若将物体置于该线上则会给人以要下滑的感觉，这是经验的反应。一条原本积极的线转变成了颓废消极的线，在设计斜线时一定要小心处理避免由此产生的逆向效果导致错误。

一簇垂直线，除非直线本身有某种强制性的导向提示，但即使如此，还有很多人相信这是一簇向上生长的枝叶。

有些设计师设计的形态会被观者引发成连设计师本人都不曾料到的、甚至啼笑皆非的联想，这说明，即使是纯粹的几何形态，也会让观者引起知觉上的不同反应，会朝观者曾经有过的经验去发想，如果这种发想使绝大多数的观者获得的是正面效应，即主动的

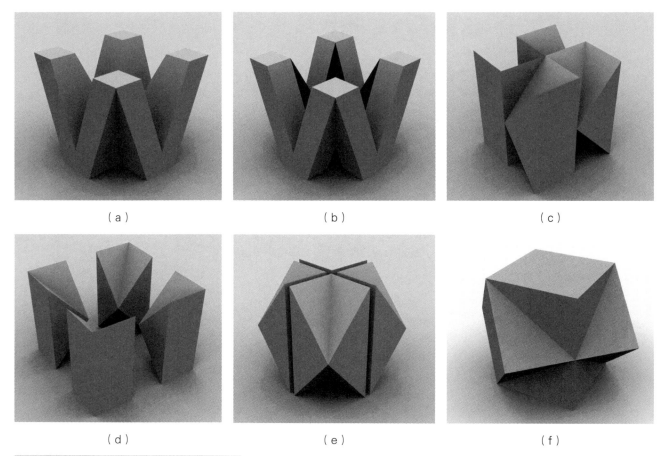

（a）　　　　　　　　　（b）　　　　　　　　　（c）

（d）　　　　　　　　　（e）　　　　　　　　　（f）

图2-11　平面与曲面物体的视觉感受（一）

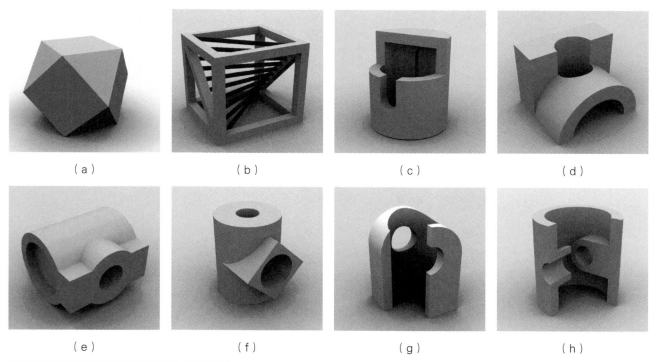

（a）　　　　　（b）　　　　　（c）　　　　　（d）

（e）　　　　　（f）　　　　　（g）　　　　　（h）

图2-12　平面与曲面物体的视觉感受（二）

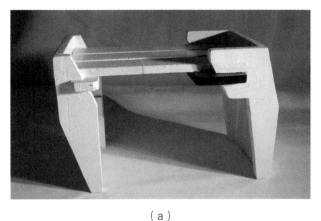

（a）

（b）

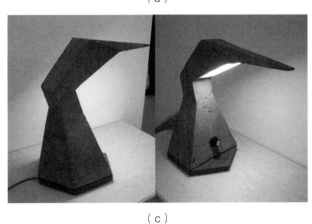

（c）

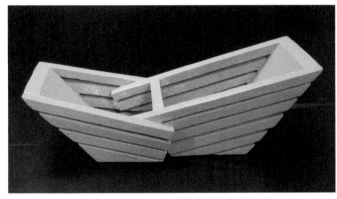

（d）

图2-13 设计练习举例

或乐于接纳的，那么这个形态无疑是成功的。

曲线：

曲线能传达的视觉效果丰富多样，稍微调整一下线形就会产生很不同的效果如图2-14：

（1）臃肿的线——所谓"臃肿"是指生物的外在状态而言，是指不加节制的饮食或由于内分泌失调造成体型向肥硕发展产生的变异。这样的线（或面）是病态的，因而不具美感，过甚则表现为丑陋。

（2）富有弹性的线——任何生物在向成年发展阶段都有一种积极的力量，日益强壮因而表现出的线（或面）具有日趋饱满、富有弹性的特征，是一种令人向往或羡慕的形态。

（3）丰腴的线——表现为一种成功，保养调理得当，由于基因或年龄产生的形体变化略显"福态"，这种线（或面）体现为雍容，华贵，曲线虽不再饱含优美但留有一种优雅和自信。这种线（或面）用在中高级轿车的覆盖件（造型）的设计或中高档的软体家具上是很恰当的。

（4）木讷的线——这种线（或面）表现为没有明确的方向感，曲率的变化既没有规律又不具灵动性，可以认为是一种消极的线（或面）。

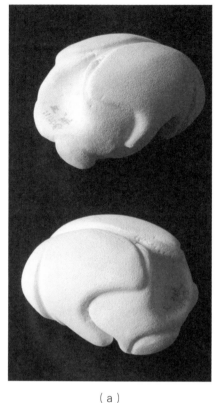

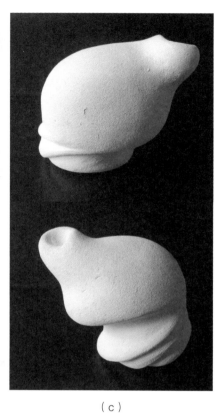

（a）　　　　　　　　　　（b）　　　　　　　　　　（c）

图2-14　各种曲面效果练习

（5）直率而利索的线——线的方向或弯曲的方向明确肯定，小曲率。

那么，还有哪些曲线会给观者带来不同的心理感受呢？

● 积极向上的线

● 有速度感的线

● 很阳光的线

● 颓废的线

● 有规律的线

……

曲面：

一个曲面可以做得很舒展（曲率小，元素少）但不可空洞无物，要做得饱满，边界处的过渡可以给予适当的棱线，如图2-15所示，总之要有技巧的介入，不能让这种舒展导致像"覆水"一样不可控。

构成一个造型或实体元素的基本要素是"面"——若干个主动的面构成了空间实体，相对而言，由若干个面相交而成的线则是被动产生的，尽管首先映入人们视线的是线，在设计环节，当线没有达到设计师的要求时就要对构成这条线的两个面进行调整，可见"面"在造型中的重要作用，但是很多人还没有真正认识到面的微妙的起伏变化对形态的影响，而把精力放在更受多重因素影响的阴影表达上，笔者认为实在是一大误区。

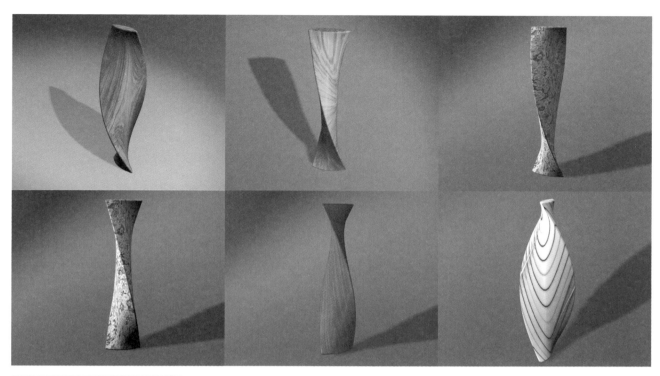

图2-15　曲面相似性产生的效果

认识到面的作用后，设计者会把创造面的形态作为重点（例如汽车造型中的前脸），调整的是面的变化与交线关系的平衡，这样一来，对造型的掌控要求高了，面决定线，线决定面，线面又共同决定了整个造型，如图2-16所示。

笔者主张设计要"头脑与手脚并用"，纸上画出来的东西一定要经过实物做出了才能真正体验或检验得失，甚至落几笔草图就应该"动手动脚"——跑材料搭模型然后边做边改直到出现满意的效果，有了实物就可以通过触摸方式由肤觉真切地感受到面的凹凸程度，过渡及转折等变化，眼见为虚，手触为实是也。

图2-16　面的变化

2.5　设计手段的介入

手绘过程：

最简单不会干扰思维的表达手法是手绘——一张纸一支笔，行云流水，把所有的瞬间想法定格于纸，任人评说修改，从一个形演绎到另一个形，变化随笔而动以趋完善。

手绘力求体现两个"力度"：表现自信的力度和造型本身应该体现出的力度。一个是技术问题，一个是设计观问题，如图2-17至图2-19所示。

在设计还处于手绘表现（平面）效果阶段，绝对不要急于用电脑三维建模，否则会由于建模过程中不得不面对的细节处理或迁就有限的建模能力而使整体造型偏离原来的感觉。

（a）　　　　　　　　　　　　　　　　　（b）

图2-17　产品手绘写生　　　　　　　　　　　　　　（c）

图2-18　草绘

图2-19　效果图绘制一例

做模型过程：

要把做模型像做游戏一样把玩，对大量小型模型的空间研究可以大大提升对造型的理解。例如，对着自己做好的模型再来几张写生，就会对模型有很不同的感受。

把做好的模型拍成图片可以很清楚地看到，有的轮廓线明显地比原始草图流畅和优秀，而有的则没有达到草图的境界，如图2-20所示。总之，不是草图表达不准就是模型有问题，所以通过实物模型可以找出很多需要精心琢磨的地方。

在一张草图上很难准确表现出完整的三维形态，从做模型的过程可以看到这种不足，因此，对一个造型要从几个方向画出不同的效果图，附加外形三视图作为校对辅助，推敲其成立的可能性。

一个源于生物产生的造型可以是（图2-21）：

（1）生物原型—渐变—设计形态—夸张—提炼—抽象—设计形态—色彩因素—组合。

（2）线框图—肌理—设色—应用于某种目的的造型。

写生活动：

如果把写生以纯技术手段作为目的当成手绘训练的一部分，仅仅要求尽可能描摹准确眼前的对象，则会忽略对象美感的捕获，未免有买椟还珠之嫌，尤其是野外写生，从对象选择、光影处理、构图、色彩色调等无不包含对美学的理解与应用，如图2-22所示。写生是一种理解美的训练，即使从事设计多年的设计师每隔一段时间都会有一种"补充能量"的"心理"需求，会常常外出写生（或摄影，快速捕捉美的现象的一种手段）以获得对美的事物的新体验。

写生的对象无非是现实中的场景，常年身在其中的人会麻木不仁，外来者最多留下"到此一游"的美好印象，只有艺术家们会把现实用画面将普通场景提高到一个视觉美的新高度，这就是专业训练的目的。

因此，各种写生既是技能训练又是感受和理解美的训练，从初学设计者的角度，笔者认为写生的收获大大多于摄影，因为写生是一种从角角落落仔细"扫描"一遍对象的从容的、精细的体验，而且可以实时增删美的或不美的元素，如图2-23和图2-24所示，是一种真正的创造力的实战训练，对学习造型的意义更大一些。

（a）　　　　　　　　　　　（b）

图2-20　模型制作与肌理

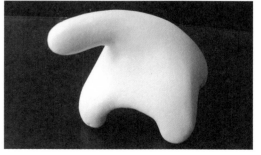
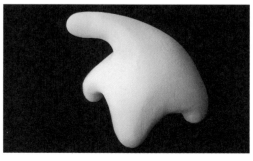

（a）　　　　　　　　　　　（b）

图2-21　由生物演变成的抽象造型

（a）

（b）

（c）

（d）

（e）

（f）

图2-22　野外风景写生

（a）

（b）

（c）

（d）

（e）

（f）

（g）

（h）

图2-23　再创作（一）

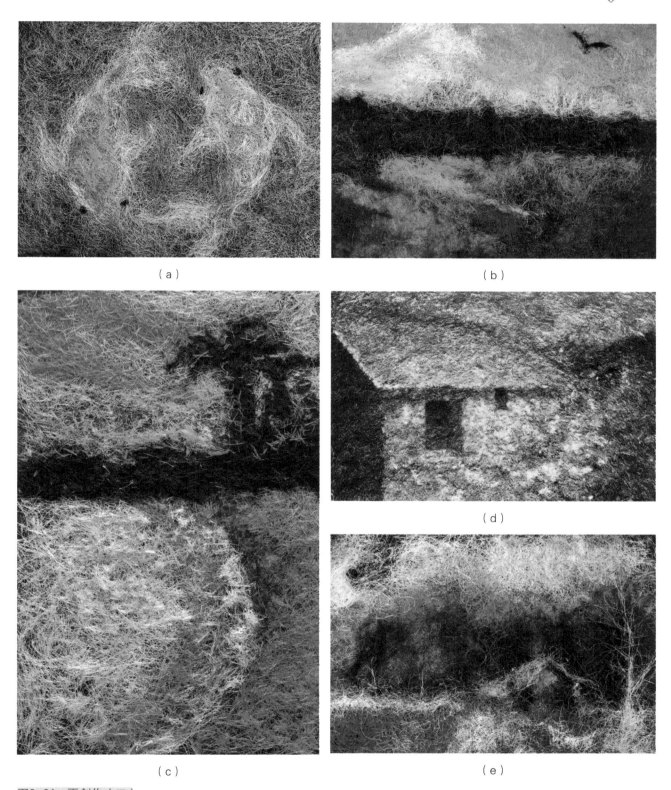

（a）

（b）

（c）

（d）

（e）

图2-24 再创作（二）

☑ 想到了不等于做过了，做过了不等于做好了，人的惰性随时会使自己停下脚步。

2.6 "有机"形态

设计中的"有机"有两个含义：一个是指设计对象之间要考虑功能的合理性、适用性和匹配性，像一个健康人所应该具备各种必备的器官一样，相互牵制又相互和谐地运作，任何一个器官出了故障就会引发疾病，如图2-25所示。例如一个社区规划，每一个节点（如医院、超市、银行、学校、菜场、交通出行等），其规模、位置与社区人口的匹配就要充分考虑这种有机关系才能设计出生活运行正常的社区，任何一个节点设计不当就会出现生活"梗堵"造成民怨。

另一个则是狭义上的有机：造型模仿生物以达到某种物理上的合理性或纯粹是为了达到视觉上的美观。

用于造型的"有机"同样可以分成两类：一类是宏观整体上的：像一个自然界的有机物；一类是具体表现上的：局部与局部，元素与元素之间有"血肉相连"的关系，反映在外观上是不可分割的呼应，所以线面间没有呼应的有机形大多是失败的。

有机形上相邻面之间的差异是自己机能不一的"生长"造成的，不是用凹凸线生硬地划分出来的（在一些情况下，凹线可以被很好地应用于面的划分，属设计手法的一种），如图2-26所示。

即使灵感来自生物，也要在神态上高于生物，线与面的主从关系是经常互换的：有时有力、有引领视线的线比面更重要，可以成为改变体量和形态方向的"杀手锏"，如图2-27所示。

藏在有机形变化中的是造型法则，譬如比例、对称，等等，在一个型上自然元素太多就会失去设计之美。

做一个有机形，越接近设计，形中的规律就越明确，自然或偶然的成分就越少，如果过分留恋自然物，做得再好也就是一个手工艺品。

头重脚轻和头脚并重（中间轻）都不是好的造型，这种形态往往会使人联想到"营养不良"而显得瘦弱，缺乏美感。

图2-25 一个工业品表现出的灵气

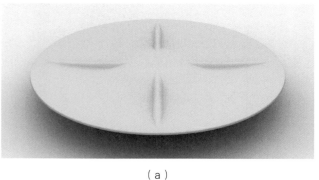

（a）

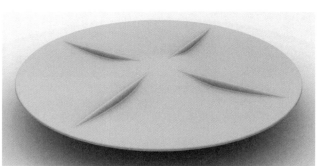

（b）

图2-26 一个相同功能的不同造型产生的视觉差异

（a）

（b）

（c）

（d）

（e）

（f）

图2-27 由生物激发的设计（一）

一个富有有机感特征的造型不应该具有一目了然的轴线，否则就会显得僵硬，如图2-28所示。元素间的"一致性"也是设计感的一种，若想不一致，就要在形体上体现一目了然的差异，微小的差异往往会被理解为不精确。若要一致，即使有误差也必须做到误差不被察觉到。

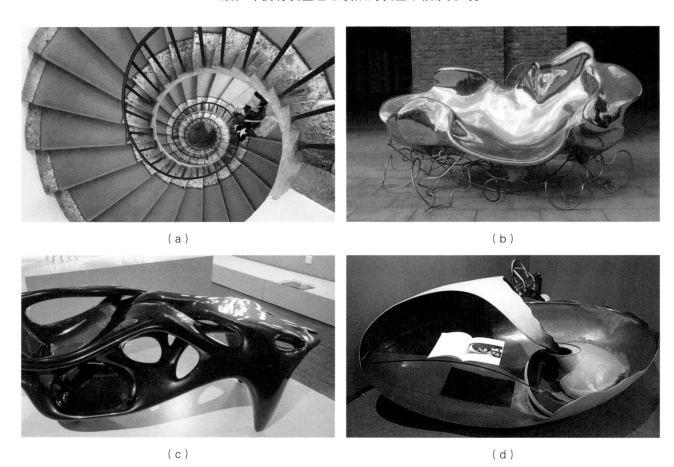

（a）　　　　　　　　　　　　　（b）

（c）　　　　　　　　　　　　　（d）

图2-28　由生物激发的设计（二）

练习题

1. 绘制一个基本型，用黑色卡纸叠剪出50张，在一张正方形白纸上做各种组合演变，可以应用发散思维使画面效果具有与众不同的新意（例如若干"悬空"以产生阴影等），演变的数量越多越好。

2. 创意写生：寻找自己认为最富有特点的场景（写实）写生，然后用其他手段（以不用纸、笔为准）将写生稿概括、变异、抽象、创作一种新视觉的原创作品。

3. 取宽幅（2米以上）黑色织物，任意覆盖在曲坐、侧卧等各种动态的人体上，观察形态的趣味与变化（可摄影记录），比较具象与意象、抽象之间的关系。

4. 收集各种形态的水生贝类（可锯开），取其局部作为设计基本元素，应用各种设计手法进行抽象形态的造型设计。

☑ 得"意"忘"形"——遗貌取神（取其精神，舍其形式，画意不画形）。

第三章
设计之"眼"

3.1 "纯"与"醇"

一张白纸，可谓之"纯"，一般不带杂质的就叫"纯"，去除多余的东西，就是追求"纯"的过程。下笔肯定，不拖泥带水就是表现上的"纯"。由此说来，"纯"就是干干净净。

一开始做设计，什么都想放上去，无意识的东西会不知不觉堆积起来而不知取舍，所以很难达到"纯"，但即使做到"纯"，也大多是技术上的纯，最多产生技术之美，如图3-1所示。

"醇"则流露出一种内在的魅力，富有内涵，有形的背后有一种无形的力道在支持着而不单单是看得到的形：每一根线条，每一个块面，洋溢着作者真挚感情的投入，呈现的线条不仅仅是技术型的线条，文化底蕴越深，线面就越耐看，就能达到不同深度的"醇"的境界。

设计本质上是一种文化，技术只是表达这种文化的手段。这似乎在说"纯"是技术而"醇"是文化，两者有高低之分褒贬之差，其实不然，"醇"的最高境界就是用设计的手法洗尽杂质获得最纯正的"纯"，把"醇"表现得越"纯"，设计境界和趣味就越高。当然手法也越难掌控。

设计上，成功的"减法"是很难做的，因为仅仅一味的减并不一定能达到"纯"的要求，成功的减法是一种"炼金术"，没有丰富的思想就不会有"醇"的概念——做出的充其量只是一种"快餐型"设计。

（a）

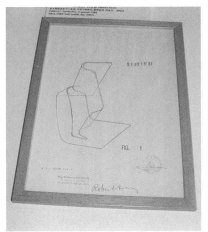

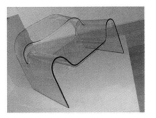

（b）

图3-1　简约与技术之美（一）

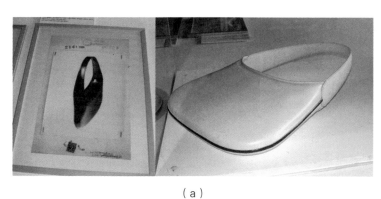 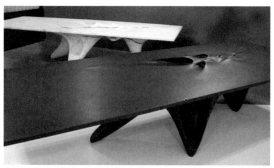

（a）　　　　　　　　　　　　　　　　　（b）

图3-2　简约与技术之美（二）

　　归根到底，追求"纯"和"醇"是必须时刻在脑子里闪出的两把标尺，用来丈量自己的每一笔，每一刀，大胆下手，小心修正，方能悟出设计的真谛。

　　一个不纯的东西就是元素良莠不齐的堆积，削弱了"醇"味，只有把细枝末节清除了才能显出金子的亮泽，才能表现出设计最想表达的精华，如图3-2所示。

3.2　造型和鸳鸯

　　自然界有机型的比例之美是不言而喻的。塑造有机型的基本要求是体现出生命活力。然而，这不是设计师青睐有机型的根本目的，能入木三分表现出有机型充其量只是学会了"抓形"能力。设计师的目的是让有机型转化为一个时尚的，与现代审美相吻合的产品造型，如汽车、如手机、如各色小家电……

　　造型不但要反映"真切的有机味"，还要反映出产品应该具有的属性，譬如与现代工作节奏相一致的"速度感"，与休闲生活相匹配的"雍容感"，如图3-3所示。如果是高档产品，还要能隐隐地"流露"出傲人的"奢华感"，等等，如图3-4所示。如此说来，对有机型的塑造必须求新求变，以我为主，为我所用，去"伪"存真，这个"伪"就是对设计无益的部分。

（a）

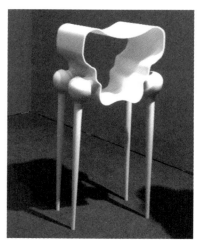

（b）

图3-3　造型灵感来自于自然的设计（一）

　　变色龙，这种以疙疙瘩瘩皮肤自恋的小动物练就了丰富的变色本领，使之充满了复杂、起伏的魔幻之美，但若要为设计所用，则要把这些疙瘩残忍地削光滑。雄鸳鸯，尽管通身羽毛覆盖，但毛色之整齐，像一个永远盛装锦绣的绅士，羽毛的形态构成几乎忘了其真实的肉身是怎么长的！这种清晰的块面状羽毛像丝绸一样，有时缓缓地过渡，有时又毫不迟疑地急转，一张一弛，线条明确肯定，具有被设计师用刮刀刮出来的感觉，让人想到了轿车的曲面。画家大多不敢画鸳鸯，总认为它块面太清晰，与其他动物相比不够自然，但这种"假"却更接近设计的"真"。

雄性鸳鸯的羽毛是那种"重色"，在追求"淡雅"口味的今日设计时，换色即可，这样，任何看似不自然的动植物都可以"为我妙用"，如图3-5所示。

3.3 线与面：双人芭蕾

在非专业或平常人眼里，单人舞的趣味会少一些，也就是"有线无面"或"有面无线"会降低丰富性而显得单一。一个完美的造型可以比喻为双人芭蕾，大众皆能欣赏，如图3-6和3-7所示。

（a）

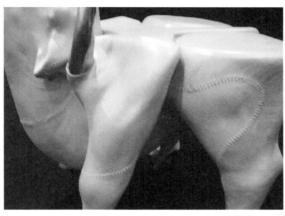
（b）

图3-4 造型灵感来自于自然的设计（二）

（a）

（b）

（c）

（d）

图3-5 自然是最好的老师

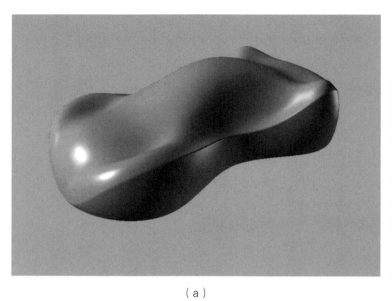

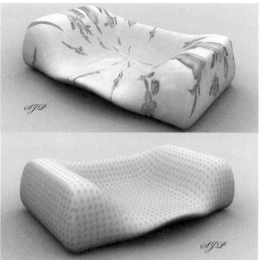

（a）　　　　　　　　　　　　　（b）

图3-6　曲面的趣味（一）

（b）

（a）

（c）　　　　　　　（d）　　　　　　　　　　（e）

图3-7　曲面的趣味（二）

（a） （b） （c）

图3-8 一款轿车座椅的造型设计

线面关系中，缺谁都会降低另一方的魅力，而且一个优美的线框内可以做出多种 UV 线以拟合成多种效果的曲面，而两个既定的曲面一旦位置确定，其交线就能唯一地被确定下来。因此在做造型的过程中，有时线是纲（由线调整面），有时面是纲（由面调整线），两者交替使用，才会有符合要求的造型诞生，如图3-8所示。

图3-9 曲面与材质

线是有情绪的，如何把控好"线的情绪"是很能检验设计者功力和眼力的。

为什么要把线面比作芭蕾而不是二人转？这是因为在视觉上要达到美，但不俗。

3.4 产品造型，半艺术

围棋中有"眼"的概念，如果一方满盘皆活，则局面会令人非常之舒服。造型的生命力也在于找到所塑造型在态势上的"活眼"，一个好的设计就是很恰当地"创造"并布置了这些"活眼"而不是"死穴"，如图3-9所示。

在一些雕塑作品的创作中，如图3-10所示，艺术家们往往善于捕捉生活中的细节，有时给对象添加几分"丑"后，反而创造出更浓郁的、更独到的、让常人言语吐不出的沟通手法，放大饮食男女的情与

图3-10 "残缺"的应用产生的趣味和唯一性

图3-11 造型曲面营造出的凝重感（罗丹 加莱市民）

图3-12 抽象的型与表面质感（一）

图3-13 抽象的型与表面质感（二）

色，定格现实或非现实中的瞬间……所以纯艺术的生命在于能否迸发出强烈的个性，一旦个性屈服于市场，作为纯艺术重要特征的"强势个性"就会堕落成"媚俗奴性"。

雕塑造型艺术表现的主体是社会事件、人或动物及各种现象，如图3-11所示。看纯艺术展，观者不会产生物质欲望而是纯粹在感受一种现实社会无法或很难实现的，但可能存在于人类潜意识中的思想的视觉"代言"（以升值为目的的艺术品收藏者例外）。

广义上，掌握产品造型与纯艺术造型的本质区别就是：其主体是要寻求符合产品诉求，为大众审美所接受又高于大众审美观的造型能力，从而赢得尽可能大的市场，极端个性化的造型设计一定只会拥有小众市场（小众产品）。

由此可见，产品造型表现的纯粹是物——一种新的创造物。由于其新，大多必须以搭准时代、时尚脉搏为成功的基础，这种新视觉要让人爱不释手，并产生强烈的"占有欲"，如图3-12和图3-14所示。

既有满足物质欲，也有审美要求的产品造型不是纯艺术，有时称作"泛艺术或实用艺术"更合理一些，既然有艺术的血脉，造型训练与艺术的"混搭"也在情理之中，但是很多初学者甚至"专家"们还迟迟解不开这个"结"：长期在设计属于"理性的工科"还是"感性的艺术"两者间纠缠不清，如图3-13和图3-15所示。

3.5 美感与气质

"美感"是外露的，"气质"是内在的；"美感"是直白的，"气质"是思想的。

因为直白，所以不耐久，不耐看；因为思想，所以内蓄，会引起心的怦动。相对来说，"美感"是大众的、养眼的。例如美女一般是被大众公认的才能称为美女，但思想则仁者见仁，智者见智了，是养心的，也因为如此，一旦思想合拍，远比外在形象的匹配更具有磁性，可谓爱到深处，什么也挡不住，如图3-16所示。

图3-14　由尺寸或材质的改变而成
为艺术

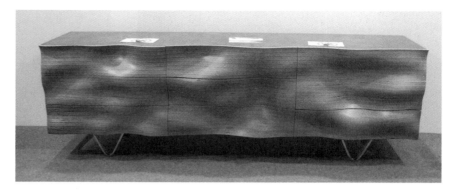

图3-15　曲面的加入使立面产生新的视觉效果

　　具备美感和良好的气质就是完美，但是由于美感与气质常常有不统一性，与"美好"的人和物保持适当的距离是留存完美印象的最聪明的做法——距离产生美。

　　塑造出美感是塑造美的初级阶段，这个阶段表现的东西还是肤浅的，少有思想的（看到很多作品，直露，虽然流畅但不具回味，就属此类），如图3-17所示。初学者所做的模型往往这种特征占主体，所以任重道远。

（a）

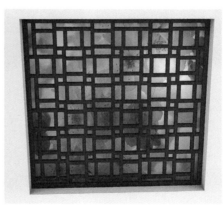

（b）

图3-16　形式之美

（a）

（b）

图3-17　线的生动性

图3-18　朦胧手法的应用

图3-19　叠层产生的复杂之美

（a）

（b）

图3-20　年代孕育的经典

　　如果塑造的型还能给人展开气质上的联想，如富贵、如清纯、如素雅、如孤傲、如庄重、如质朴，等等，那就是把塑造型的能力提高到了新的境界和更高的层次了，如图3-20。当然，一个理智的设计者仍然会觉得自己缺了很多，尤其是人文素养，如图3-18和图3-19所示，道理很简单：设计是为人服务的，不是设计机器中的某个零件。

　　如果能用多种手段，并彰显出某种气质，那就达到专业级了，就是真正的设计高手。所以想清楚"做什么"比"怎么做"更重要。

3.6　美与漂亮

　　造型有两种境界：一种是看起来"漂亮"；一种是看起来"舒服"。"漂亮"是感官的，一眼可以望穿的，因而也是肤浅的，不耐久的；"舒服"是指其内外流露出的魅力，能触动身心的，可以长久相伴的。

　　美不只是漂亮，漂亮只是美"很外在的表现"的一种。

或许技术进步已经使产品的完美不再遥不可企及，现代人对"漂亮"二字的定义越发狭窄，现在更多地是用于阴性的对象，更多表达地是对对象色彩、形式的笼统感叹，如图3-21所示。

就整个造型来说，没有内容的形式或许是没有意义的。例如，江南老建筑上的窗棂及精美、繁缛的窗花格，旧时冬秋糊纸、春夏换纱必须由这密密的木档做依托方有牢度，这就形成了一种窗花的样式，纸或纱的品质、色彩以及多变的窗格组合成为造型的一部分，即形式也成了内容的一部分，也可以传达情感和精神，如图3-22和图3-23所示。

今天的仿古建筑中，窗户已经用上了玻璃，但还是加上了繁缛的窗花格。实际上已经完全没有必要，但一代代传下来的审美不会轻易改变的，即使功能

图3-21　形态与光影

（a）

图3-22　地域特征在设计中的应用（一）

（b）

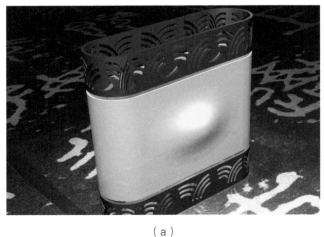

（a）

图3-23　地域特征在设计中的应用（二）

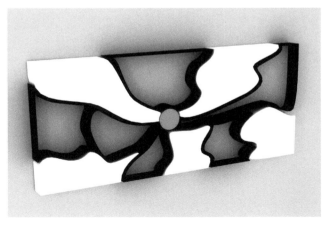

（b）

不再，仅留下形式，也会慰藉心灵，哪怕仅仅一丝是对一种旧形式的怀念，如图3-24和图3-25所示。

3.7 有机形态几何化

几何的形象意义：设计概念上的"几何形"更多地是与"有机形""自然形"对比而言的，可以拍取一些自然有机物（植物花瓣、花蕾、叶、茎、枝、根等的局部，海洋软体类水生物类，贝壳类，微生物等）的特写，如图3-26所示，进行几何化整合，使

之成为具有人工设计的形态。

巴尔扎克说过："从真人手上翻下来的模型绝不是艺术"。把这句话推广一下：从自然获取的形态绝不是设计。因为设计是一种文化，而自然物不是文化。绝大部分的自然物不能直接作为产品（如家居用品，交通工具等）使用。自然物的形态实际上是极其复杂的，严格意义上，当今的数学还不能完全复制自然形态，必须要对如此复杂的形态进行必要的简化才能建立数学模型（或数据）为制造所用。视觉上，自然物并不具备严格的美学准则，因此有必要加以整合

（a）

（b）

（c）

（d）

图3-24 年代产生的文脉（一）

（a）　　　　　　　　　　　　　　　　　（b）

（c）　　　　　　　　　　　　　　　　　（d）

图3-25　年代产生的文脉（二）

☑ 把外在地做好了是彰显一种能力和品位；把内在地做好了是体现一种自信和品质。

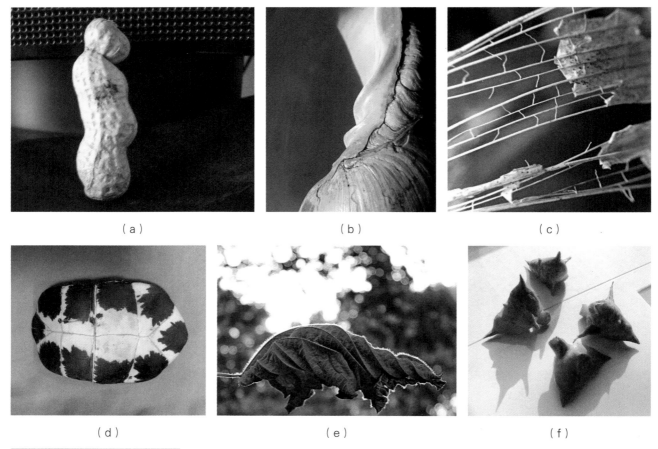

（a）　　　　　　　　　　　（b）　　　　　　　　　　　（c）

（d）　　　　　　　　　　　（e）　　　　　　　　　　　（f）

图3-26　生机勃勃的有机物形态

才能符合审美要求。

几何化：

几何学是数学学科的一个重要分支。几何形体构成和讨论中依据的唯一法则是代数，没有严格的数理构成就没有现代几何。从这个意义上说，自然形态只是数学的参考，但并不直接构成数学，这样自然形态就与理性形态就有了明显的经纬。几何造型的现代加工技术都是建立在数学算法基础上的，即使用逆向工程的算法也是先要采用数学模型重构。因此，无论是现代设计的美学还是产品制造工艺都使得几何化成为设计的基本法则（成为特征）而受设计师和艺术家的青睐，如图3-27所示。有机造型创作如图3-28所示。

设计的另一个方向是"几何形态有机化"如图3-29：数学定义的几何形不免有生硬、呆板的缺点，用于设计若只是以视觉为主（如建筑外形）尚可，若用于经常被触摸的产品造型则不太符合与触觉器官相匹配的线面，使用者会觉得亲和力不够，若用于运动类产品（如交通工具），流线形的要求会远远高于常见的几何形。因此，将初始的几何形通过适当的"变异"使之成为符合视觉、触觉和物理参数要求的"类有机形"就显得尤为重要。

不失手的秘笈是将自然中的有机型做得规整些，将几何形态处理得有机些，看造型的需求更侧重于哪一方面，造型的设计特征就出来了。

（a）　　　　　　　　　　　　（b）

（c）　　　　　　　　　　　　（d）

（e）　　　　　　　　　　　　（f）

图3-27　师法自然的应用

✔ 设计能力本质上是设计的再整合能力。

（a）

（b）

（c）

（d）

（e）

（f）

（g）

（h）

图3-28　有机造型创作

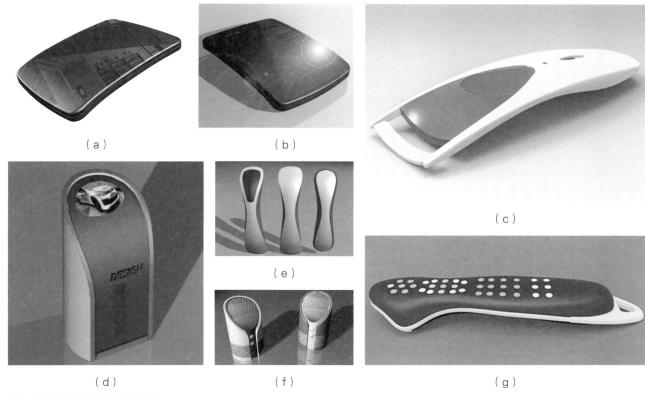

（a）　　　　　　　　　　　（b）

（c）

（d）　　　　　　（e）

（f）　　　　　　（g）

图3-29　类有机形的虚拟设计

3.8　耐看——静若处子动如脱兔

产品形态并不要求都富有动感或有勃勃生命力的表现。试想一下在一个室内，诸多产品都像活的一样各唱各的调，还如何营造宁静的生活气氛？

追求能塑造具有动感、有生命力形态的造型是有用武之地的，产品功能本身要体现动感的，就不能做得敦厚或"像生了根一样"的稳定。例如，交通工具设计。保时捷有一款设计灵感来自眼镜蛇的跑车，即便停在那里也有一种强烈的欲脱动势。这是形式诠释了功能并提升了产品诉求的表现。

因此，更多的产品造型要求"耐看"：相互之间保持和谐共存的关系，如图3-30和图3-31所示。

就单个造型来说，和谐关系也包括有很多方面：有一个造型的整体与局部的和谐，有局部与局部关系的和谐，有形式与内容（功能）的和谐，等等，尤其是后者，初学设计者往往把控不好这两者的火候。有

图3-30　一款有"有机味"的跑车造型

一个品牌的轿车在造型上突出了两根粗大的排气管以体现车具有的动力感，其实车本身并不具备如此强劲的动力。更有一款车借助录音用喇叭发出加速时排气管的噪音音效以体现粗犷之美，实在有"剑走偏锋"之嫌，是不成熟的消费观左右了设计师的思维。

☑ 一个严谨的型可以设计得很"随意"。

必须强调的是：一个有动感的造型不是简单地用飞扬的线或飘动的面就可以实现的，在造型设计中，动要动得可收敛、可控制而不是"随风而飘"的被动。

作为造型初学者，其实更多的是了解如何避免走向它的反面——死气沉沉毫无生命气息或让人困惑或引起不快的造型。

3.9 实体构成——一线一面总关情

实体上的线可以分为两种：主动的线和被动的线。主动的线是指设计师在规划造型时首先表达出的线，再由这条线衍生两个相邻的面；被动的线是指设计师首先做出两个符合创意的面，由这两个面相交形成交线。无论哪种方式，调控的最终目标是线面共同达到设计要求，如图3-32所示，但是如果在设计

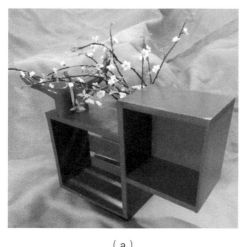
（a）

（b）

（c）

图3-31　设计综合应用

（a）

（b）

（c）

图3-32　三维造型体验

✔ 一个好的创意应该能进入人的心灵。

（a）

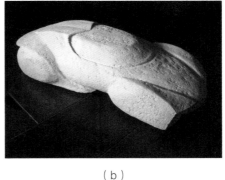
（b）

（c）

图3-33　三维造型体验

时混混沌沌思路不清，则会使造型陷入混乱。例如，在一个自由曲面上通过布尔减挖出了一个球形凹面，由此形成的交线会产生一条数学上相当复杂的空间曲线，如果不了解球与自由曲面的构成关系就会在那条交线上花很多功夫，做出来的东西还是违背设计意图的，了解了是两个元素极其简单的布尔运算，就不会在交线上纠缠不清。

实体上的线是两个面相交得到的交线。如果不作进一步的处理，这条线体现为由面之间在相交处的切平面方向不一致形成的"角线"。如果面相交后再作圆角处理，随着圆角半径的增大，角的尖锐度就会消减直至消除，用面的拟合方式也有如此效果。

当要保留有角感觉的线时，这条线的视觉影响可能会大于曲面本身。这条线对形态的视觉方向的引导有较大的作用。如果这条线是造型的主要方向线，则预见和处理好这条线的形态是设计的主要工作之一，如图3-33所示。

3.10　纯粹

"纯粹"的型能够反映设计者无法遮掩的趣味品质，就像中国的文人画，画所表现出的是画家对社会的态度，若作品中表现出任何一点点的恶俗或甜腻，都会连人带画大打折扣。

这里要说明的是，不能把"纯粹"与"简约"混为一谈，一个纯粹的型可以是一个复杂的型，只要这种复杂用之有"道"，如图3-34所示。

图3-34　构成手法在建筑设计中的应用

一个好的型是一种"巧"的体现，"巧"能反映"灵气"，"巧"能反映"关联"或"有机"。

3.11　风格——不懈努力方能修成正果

"风格"是一种设计在长期的演化过程中逐渐定形，造型手法或特色趋于稳定并具备一目了然的可识别性的视觉效果。在一系列的设计中都会含有这种"特别的味道"，让人一看就能联想到其作者或作者的其他作品。

刚出道的设计师热衷于谈"风格"，风格可以认为是某种特征的固化，一些画家为了不被形形色色的洪流淹没或力争鹤立鸡群，搜肠刮肚要捏成自己的风

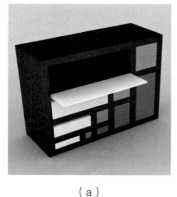
（a）

（b）

（c）

（d）

图3-35 向"蒙特里安"致敬

格，认为只有这样才能被认可为成熟。如果不能形成某种画风而是时不时推出各种探索性的作品，则会被市场上认定为"不成熟"，担心定位"前景不朗"。

就视觉作品而言，形成风格最简捷的方法就是盯住一种题材几年持续不断地出大量的同一种技巧的东西，用密集的视觉"轰炸"，让观者记住作者的作品的特征继而记住作者。

没有炉火纯青的技术和深厚的艺术积淀，即使产生风格也是"虚脱的风格"，因此，所谓"风格"应该是水到渠成的事而不必刻意去追求，如图3-35所示。

个人风格是他人对单个设计者设计特征的肯定，一个公司也会有自己的设计风格（有时称为设计基因），这是团队按照设计管理要求实施的共同行为。阿莱西公司并没有庞大的设计部门而是吸引世界各地的设计师自愿投稿，按理说应该是五花八门的造型应有尽有，但是通过设计管理，阿莱西的产品都是以一种阿莱西特有的风格出现，如图3-36和图3-37所示。有些强势的风格可以使其他公司（或个人）不敢设计出同类风格的产品，唯恐被贴上抄袭的标签而名誉扫地。

一个地域由于盛产某种材料或漫长的文化习惯会在封闭的环境下逐渐孕育出某种独特的风格。古希腊盛产大理石，使建筑结构（山花，柱，檐等）大多以垒、雕为主；古罗马布满了可做成混凝土的火山灰和天然石，其建筑样式就在垒的基础上以塑代雕，成熟了在希腊几乎胎死腹中的拱券和穹顶样式……

当某种风格的美学被社会认可，则这种风格会被人效仿绵延好多年，在不断地"复制"过程中又被加以改造、优化以适应时代。所以，要形成全社会认可的风格很难，但一旦形成风格，则风格的力量又是无穷的，只有革命性的技术变革或急剧动荡的社会变革才会有可能产生新的风格。

一旦成为风格，要突破就难。任何风格都有一定的时效性，一旦人们的趣味变了，风格可能就是一种落伍的标志。所以，风格是一把双刃剑，让风格得以发展的唯一途径是与时俱进。例如可口可乐、IBM的商标设计等。就现在快节奏的生活，强调风格可能一开始就会被认为是"老套"的代名词，所以，在新锐设计师嘴里更多吐出的两个字是"混搭"：不求风格，舒服就行。

在此套用一下，陈志华先生谈及的风格说，风格的成熟要具备三个条件：

第一，独特性：就是它有易于识别的鲜明特色，与众不同。

第二，一贯性：就是它的特色贯穿它的整体和局部，直至细枝末节，很少芜杂的，格格不入的部分。

第三，稳定性：就是它的特色表现在所有的产品中，尽管形态可以各不相同。

造型设计应用如图3-38和图3-39所示。"一组方凳设计"如图3-40所示，是一个制约条件下的造型计计训练，即要求利用实木地板边角料（厚18毫米）做10个不同方案设计。

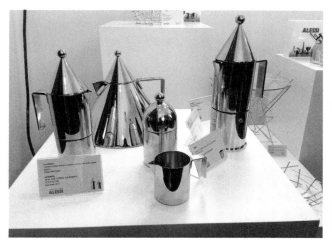

（a）

（b）

（c）

（d）

图3-36 "阿莱西"风格的一致性（一）

（a）

（b）

图3-37 "阿莱西"风格的一致性（二）

☑ 看看柯布西耶的萨伏伊别墅，再看看那个时代的邮船……

（a）

（b）

（c）

（d）

（e）

（f）

图3-38 设计造型应用（一）

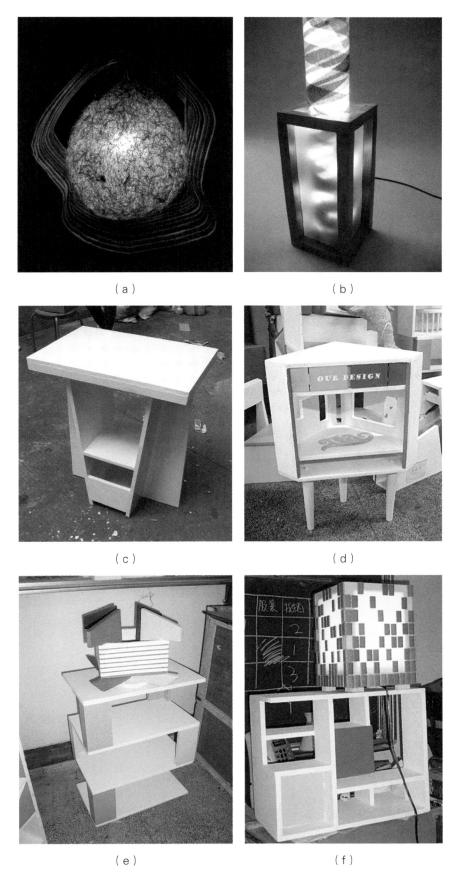

（a）

（b）

（c）

（d）

（e）

（f）

图3-39 设计造型应用（二）

图3-40　一组10个方凳设计

练习题

1. 取一张0号白色卡纸，用美工刀切割出各种不同的形态（例如各种三边形，四边形，曲边形、挖孔等），用各种方式（例如卷曲、扭曲等）固定在一个平面或几个平面上，观察卡纸边界线在空间产生的变化，采用灯光以产生阴影，观察阴影的视觉趣味（注意：形态要尽可能的简单不要复杂以确保单纯，切割线要保证光滑）。

2. 考察弹簧，如拉伸弹簧、压缩弹簧、扭簧等的特征，作10个灵感来源于弹簧（或部分）的新造型。推而广之，找一些具有美学价值的原型（可以是原用于其他工业领域的零件等）作类似的设计。

3. 取一个熟悉的物体，研究其形态，从新的视角创作20张摄影图片，要求图片完全脱离原物体特征而体现出全新造型并具美感。

4. 限定用4到5个曲面构造10个由这些曲面"包裹"成的实体造型，调整曲面形态并观察由相邻曲面产生的交线变化，优化两者以达到最满意的造型效果。

第四章
求美百草园

尽管不同的时代会衍生出不同的审美标准，反主流、反传统的各种流派你方唱罢我登场，令人眼花缭乱，但这些终究不能主宰大众的审美，但只能在一个小众范围内被评论或欣赏，或者在一个极短时间内哗众取宠一番便偃旗息鼓，但不能说是其生命的终结，反而是新生命的开始。正是这些跳跃、不安分的创作欲望使美的形式不断地被灌输新的内涵并因此增添活力，只是这种探索要有天时、地利、人和的机会配合，意大利文艺复兴是如此，巴洛克的形成更是如此。而大部分的激进思潮会昙花一现，以留下一抹美学新思维而谢别美学舞台。正是由那些涓涓细流的汇集，构成了人类探索美的历史长河，在主客观的实践中人们逐渐形成了对美好形式的共性认识并成为不会轻易转变的概念，如图4-1所示。

4.1 "重复"——一目了然的设计之美

在视觉能觉察到的宏观范围内，自然界极少有形态完全相同的有机物和无机物，但相类似形状的东西却不少。这是由物种基因（生物）和成形环境（无机

（a）

（b）

图4-1　古朴之美

（a）

（b）

图4-2 设计法则应用（一）

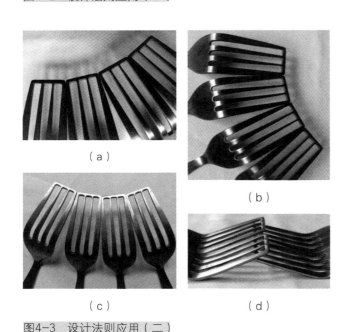

（a）

（b）

（c）

（d）

图4-3 设计法则应用（二）

"重复"取代能使"混乱"变得趋向有秩序，变得更有可掌控性，如图4-2所示。

如果"重复"数目不多，普通人不会关心是"重复"还是类似，因此若设计的原意是要强调重复产生的美感就必须增加"重复"的数量，这个量值要反复推敲，太密会有"黏滞"且有过滥掉价的感觉；太疏则有因缺少养分而底气不足的嫌疑，两者都导致在体现美上大打折扣。

过度的"重复"会因为感觉缺少变化而变得单调乏味，所以"重复"是一种"清洁工具"，当设计显得杂乱无序的时候可以考虑用"重复"某些元素试试，如图4-3所示。

4.2 对称（轴对称，原点对称）——物性使然

一个不争的事实是：自然界的动植物大部分是"类似"对称的，如图4-4所示。自古以来人们见惯了对称的现象，与人关系最密切的是家禽兽类，如果偶尔见到一个不对称的，就有一种残缺、不完整的感觉或者被认为是一种病态（前已提及不再赘述）。

一棵树尽管朝阳的会枝繁叶茂、背阳的则稀疏一些，但综观整体仍不失类对称面貌，对称的物体会产生一种均衡感。

物）决定的，人们从中抽出了理性的成分创造出了形状完全相同的东西，使重复成为可能，这个东西就有了文化——人的智慧的参与。所以，"重复"就是一种美的设计。另外，笔者把人们随手涂鸦称之为"不定形"——不经大脑特定思考的任何人为痕迹也不是设计，但是，如果能把这个不定形用"重复"手段适当的排列处理，就表达了一种意图，成为了一种设计。

"重复"是对某物体的再肯定，强化了物性的存在，若形态多样达到了混乱的程度，减少多样性而由

对称体必有一个对称轴线,处于这根轴线上的元素必然是最重要最受尊敬的,因此"对称"设计手法有了主次之分,在建筑设计领域,被理解为核心和烘托的差别,如图4-5所示。

远古时代的祭司们就已经发现了"对称"能产生美感,从古埃及遗存的韶赛尔金字塔就可见一斑。按

年代,一路上影响了古希腊、古罗马的建筑样式,几乎都是以"对称"的面貌出现,以致现在人们仍把古典风格设计的特征归为"对称",接着是"均衡",归结为"理性"。

"对称"分轴对称和中心对称,如果中心对称的元素足够多,可以形成圆周阵列,如图4-6所示。

（a）　　　　　　　　　　　　　　　　　　（b）

图4-4　各种植物:值得膜拜的天生设计师

（a）　　　　　　　　　　　　　　　　　　（b）

图4-5　设计案例

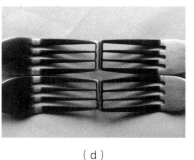

（a）　　　　　　（b）　　　　　　（c）　　　　　　（d）

图4-6　设计法则应用（三）

☑ 好设计是一种化繁为简的巧妙,一种虽精心雕琢甚至处心积虑但却表现为神来之笔的轻松。

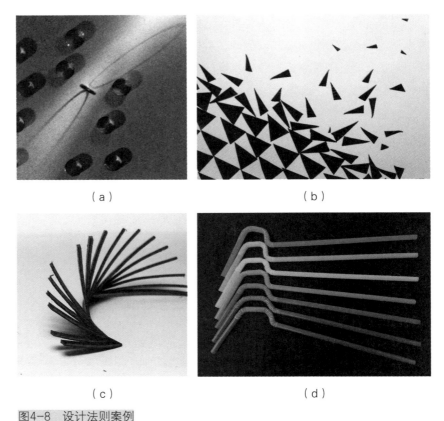

（a）　　　　　　　　　　　（b）

（c）　　　　　　　　　　　（d）

图4-8　设计法则案例

4.3　渐变——行云流水之美

一般而言，突变总不是人们愿意接受的现象，毫无准备的变异会使人措手不及，在设计手段上滥用"突变"是试图"哗众"，是不成熟的表现。

渐变，有点"温水煮青蛙"的意思，不知不觉中产生了变化，如果把起始的形态与末端的形态相比较，会觉得有明显的差异。但就是不断地"类似"让人们在舒舒服服中接受了这类转变，觉得有美感，因而成为重要的设计手法之一，如图4-7所示。

至少要有两个以上元素的存在才能谈得上渐变，相似的元素能取得"和谐地变化"，与"重复"相比更多了一种活力和动感，如果说"重复"是静止的，那么"渐变"就是动态的。

渐变是要有规律的变，由小变大，由曲变直，由方变圆，或相反，或按某个方程，或按某种约定，或周期变化。不一而足，这一系列的设计均可以产生不同的视觉效果，全在设计者能开多大的脑洞去尝试，如图4-8所示。

例如，一组重复的线投在一个连续变化的曲面上一定会出现梦幻般的渐变。

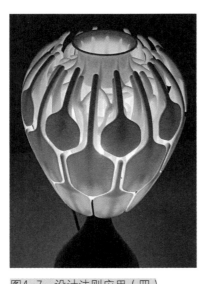

图4-7　设计法则应用（四）

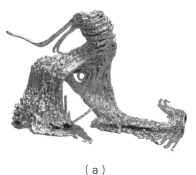 

（a） （b）

图4-9 设计法则案例

形态的渐变是如此，而色彩的渐变给人的愉悦感同样非常明显，如图4-9所示。

4.4 颠倒——放开束缚看看

传统的正向设计已经成为一种经典的设计方法，但逆向设计却给出了全新的设计思路。在设计过程中借用这个思路：当一个司空见惯的形态感觉缺少新意的时候不妨颠倒一下看看，可能会有截然不同的感受，如图4-10所示。"颠倒"可以看做"重复"的变异，或者是中心对称的特例，如图4-12所示。

若有两个相同形态的元素，将一个颠倒过来看看，"颠倒"后由于形态不变，很容易获得呼应关系，两者有一种天然的吸引力，如图4-13所示。如果两者的距离设计得当，尽管所占面积增加一倍但仍具紧凑感，造型不容易散掉，如图4-11所示。

图4-10 常规与非常规观察获得的差异性 图4-11 板类构成案例

☑ 横的造型竖起来看看。

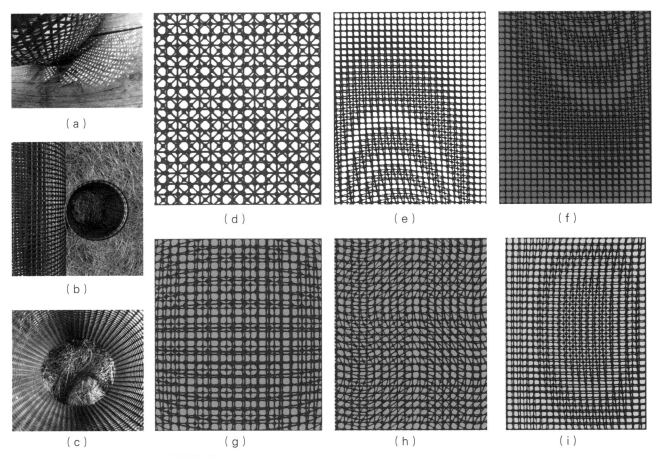

图4-12　蕴含数理关系产生的纹理效果

（a）　　　　　　　　　　　　　　　　　　（b）

图4-13　设计一例

☑ 设计的含义是要传达一种思想，显然，每个人的思想都有明显的不同，如果一个设计没有反映出设计师的个性，这款设计往往会流于平庸或仅是套在旧功能上的躯壳而已。设计师的最大快感是设计最终实现了其要追求的感觉。这就是设计的"狠"——独特而高屋建瓴。

4.5 穿插——有机感

"穿插"是指两个元素相互有关联，或"咬合"成为一个紧密体。穿插增加了造型的复杂度，增强了两者的"互动性"。中国古建筑中的斗拱就是穿插的极好例子。

一个经过设计的"穿插"会在表面产生漂亮的交线。有时，两个立体本身很简单甚至有些松垮的感觉，产生交线后却表现出一张一弛而显得美妙无穷，对曲面之间的穿插有时即使数学家也很难用几何方法描绘出这条线，但借助设计软件可以很方便地表现出两个物体穿插后的效果。

穿插一定要合理。一般来说一主一次的穿插，次要物贯穿主要物是合理的，互贯的效果会产生一条连贯的空间曲线，有时也会有非常好的效果出现，如图4-14所示。

穿插的位置一定要有依据，例如结构点、对称点或视觉上一目了然的几分点，等等，随意位置的穿插会破坏两者固有的美感。

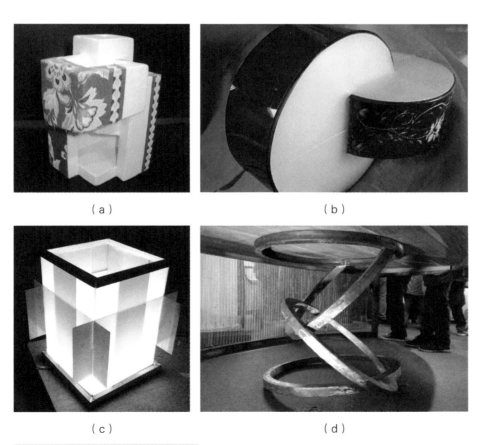

（a） （b）

（c） （d）

图4-14 "穿插"产生的"有机感"

☑ 任何生物都是"慢慢"长出来的，这决定了其形态变化是以依赖大量的过渡面实现的，所以面与面之间的"美的融合"成为能否表现出优美的关键。

4.6 水平，垂直，平行——规规矩矩就是美

"坐有坐相站有站相"历来是中国人基本的审美标准之一，无论是什么物件，把横平竖直做到了，就不会差到哪里去。

横平竖直其实是一个工艺问题，欧洲的现代设计并不强调造型的新奇，更多的强调直来直去的挺拔之美。因为直线之间的关系很明晰，稍有不水平、不垂直或相互间不平行（或垂直）就会被察觉。因此对工艺提出了更高的要求。反之，若用曲线（曲面）代替直线（平面），则由于这个曲线（曲面）没有明晰的标准，即使由于工艺问题做得稍有偏差，一般人也难以察觉，从这点来说，曲面造型比平面造型容易获得效果。

横平竖直做到了，元素之间该平行的平行，该垂直的垂直，阳刚就出来了，"干净""利索"的造型也就出来了，这是设计一个健康造型的基本要求，如图4-15所示。

（a）

（b）

（c）

（d）

（e）

图4-15 设计举例（一）

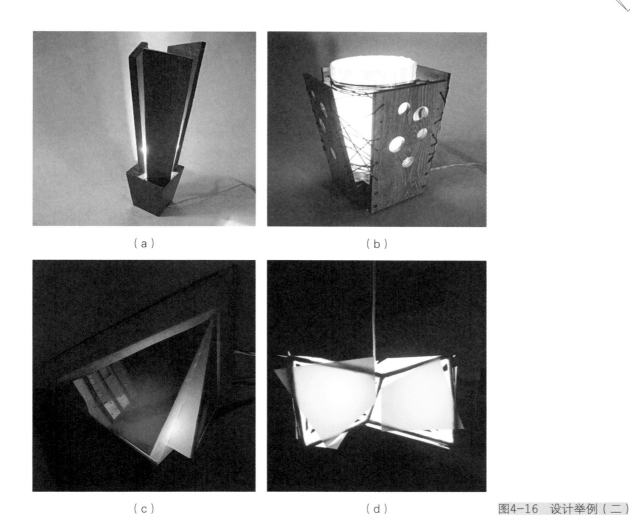

（a）　　　　　　　　　　　　　　（b）

（c）　　　　　　　　　　　　　　（d）　　　　　　　　图4-16　设计举例（二）

4.7　疏密——相得益彰

中国书画美学中有"密不透风，疏可走马"一说，讲的是一种"包容性"。"疏"是为了烘托"密"，"密"是用来体现"疏"，处理好彼此的照应，密就不会乌黑一团，疏也不至于苍白无物。

疏密的配合会产生一种节奏感，有时产品功能要求有"密"元素。例如，出音口、散热孔等，把这些功能性的造型做得浑然天成是设计师孜孜追求的，就像室内设计师喜好歪瓜裂枣类的房型一样，能激发创意并且容易出效果，如图4-16所示。

即使没有功能性的密集元素，如果整个造型显得"太闷"，设计师也会在造型处理上营造疏密关系以打破这种沉闷感。

"密"并非只有打孔一法，凸出的元素同样可以产生很好的视觉效果，某些表面机理的搭配使用也会有效地改善造型的灵动性。疏密边线的设计可以起到主动改变整体造型的视觉导向的作用。

4.8　锐化，柔化——百货克百客

俗话说"青菜萝卜各有喜爱"指的就是大众口味的多样性。一个共性的例子是，女性喜好偏柔一点、有温度的造型；而男性则更青睐刚毅或偏冷一点的造型。因此一些发达国家已经把更多的产品细分为两性：男用与女用。例如，家用轿车，国内的消费层次还处在追求拥有一台车的阶段，发达国家已经出现了男式轿车和女式轿车，这种产品细分是竞争的结果，也是消费趋势的必然。

地域文化的差异也影响了人们的审美观，北方人在相对严酷的环境下生存，就会喜好刚毅一点的造型；南方水多温湿，就愿意感受偏柔软的形态。

一个具有恰如其分的刚毅或轻柔是具有美感的。

但一个造型太柔则会偏丰腴，少了骨架则也会显得精神不足，因此锐化一下是必要的。

真豪未必不柔情，"锐化"不是粗糙，"锐化"要体现出一种担当，是体现有主见的一面而不是莽汉一个，如图4-17所示。

（a）

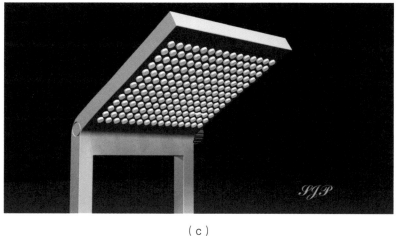

（c）

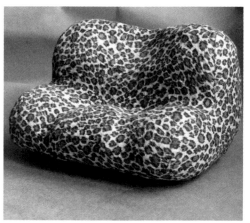

（b）

（d）

图4-17　设计举例（三）

4.9 方向——掌握视觉主动权

一个造型在视觉上一定要给观者一个方向"引导"感。例如球，有一个指向中心的视觉引导，一个没有方向感的造型一定是浑浑噩噩的，通常一个长宽高比例恰当而明确的造型一定有一个很好的方向引导，如图4-18所示。如果长宽高数字接近则可采用轮廓的差异获得方向，进一步地，如果轮廓受限不能清晰传达方向，则必须在造型表面采取形态分割或不同的色块差异使造型打破原来的混沌，让造型变得有骨架（明确的方向）。

是否能处理好方向性与设计者最初的诉求有关，在设计之前就应该有所规划，坚定地追求这种效果而不是事后被动地弥补，如图4-19。

图4-18 一个造型的骨架

（a）

（b）

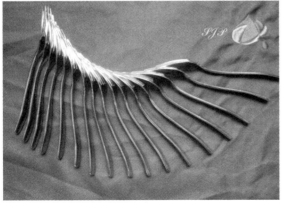

（c）

（d）

图4-19 构成举例

（a）　　　　　　　　　　　　　　　（b）

图4-20　关注造型与光影的呼应关系

4.10　呼应——从散漫到聚合

有呼有应，两者（或几者）的关系就会变得有序起来，有序的形总比无序的形视觉上会紧凑一些，体积上也显得小一些。

无论是什么形状的造型均可看作由相互垂直的六个基本面组成，即使是一个球也可以这样看待。如此一来，如果六个面处的元素各自为政互不关照，必然会成一盘散沙。一辆轿车的前脸可以用足功夫，但其过渡到两侧的面要达到自然不露生硬的痕迹未必是一件轻松的事，看似两侧腰线处的处理只是承前启后（到后背造型）的过渡，然而对整体造型的呼应关系不可小觑，只有精心处理好了，一辆长3米左右的家伙才显得像生物一样紧凑、灵动而且有理，如图4-21所示。

元素间的相似可能是取得呼应效果的最基本手段之一。因为形态差异很大的元素之间往往有一种冲突感，所以要协调好差异很大的元素之间的关系是对设计能力的一项考验，如图4-20所示。

每一个元素（或每一组元素）本身也应该有明确的方向性，如果这些方向性有一个有序的规划则能很好地取得呼应，反之则会相互抵消回到杂乱无序的状态。

图4-21　一款车的覆盖件（曲面）前后过渡

4.11　规律——有序的就是美的

产品造型不是捉迷藏，不用拐弯抹角，有规律的形态一定要清晰地表现出来，如果关系太杂乱也要考虑纳入规律特征。有些产品界面上的操作元素太多以致不容易辨析，就要对这些元素按不同功能类别整合（归类）成几个模块，再将这些模块按一定的规律关系组织起来，这样会使杂乱变得有序，设计得好还可以让这些模块成为造型的"点睛"之作，如图4-22所示。

体现"规律"是设计的重要"标识"之一，但

☑ 勤于思考，摒弃枝节问题常常会使设计的境界前进一大步，埋头实践是这一大步中的每一小步，两者相辅相成，不可偏颇。

这并不是放之四海而皆准的，人们在谈及"美的精神享受"和"美的生活享受"之间一直存在着矛盾性。例如古村落，从弘扬传统文化和民族精神方面来说要保护甚至要发展，因为这些村落是绵延几百上千年的积淀而成的，历朝历代祖辈们一定有合理的考量才形成这错错落落的格局，看似散乱的布局反映一时一地的合理性（地理考量和社会地位考量等），产生的视觉美感成为现在乡村旅游的一个重要资源。但这种族群自然繁衍、自我管理的大家族模式显然已经被新时代冲刷得几无痕迹，所以建筑格局已经不再适应现在的生活方式，仍然要求在这些老建筑和由老建筑形成的环境下生活对年轻一代来说是勉为其难的。最近几年政府着手撤自然村搞集中安置，新的民居清一色造型，坐北朝南，楼距纵横划一，像极了大城市早期的工人新村，规划是科学了，成本也下降了，管理也方便了，但从留存人文脉络、艺术视觉角度，生活环境的丰富性和美感却少了许多，这就是矛盾性。

因而"规律"在此碰到了尴尬，但不能否定的是在产品设计中，那种自然而生的形态是不可取的，必然要加以整合——即遵循规律。

4.12 差异，异化——鲜明个性显出来

分两个方面理解：一方面就整个造型而言求得与他物的差异永远是设计人的追求，如图4-23和图4-24。从这个意义上说，设计的第一步不是调研而是"面壁思考"，能否有独创性的想法完全依赖于平时的设计修养，边思考边绘制草图让思绪泉涌做出各种方案是设计的最佳方法，没有前期的独立思考就进行匆忙的、过早的市场调研反而会被灌输很多既有的概念，使设计陷入固有观念而妨碍设计的创新。

另一个方面是针对造型本身的：如果造型内的元素有形态或尺度的差异，最好把这种差异明确化以强调设计思想。那种遮遮掩掩的、似乎相同又不相同的暧昧形态会使人联想到工艺差或设计不当造成的缺陷。

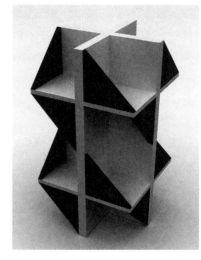

（a）

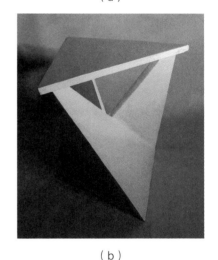

（b）

图4-22 构成法则的应用

（a）

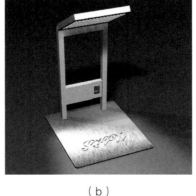

（b）

图4-23 金属板的台灯底座——释放桌面空间

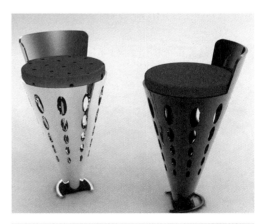

图4-24 凳脚固结于支撑面——造型变得自由

4.13　突变——麻木时的一抹鲜亮

　　滥用"突变"是设计不成熟的表现。商业产品造型的总体要求是新颖、耐看。稳妥的造型设计无非是遵循传统的法则进行创作，造型容易趋于老旧，即所谓设计出所谓"多一个不多，少一个不少"的尴尬造型。这时就要考虑用"突变"的概念来"扰动"一下几近沉寂的造型，打破固化了的老陈旧手法，像画家希望在略显沉闷的画面上施加一抹亮色，让画面变得精神焕发起来一样，如图4-25所示。有时，某些神来之笔会一扫陈腐而诞生出锐意进取的新观念。

　　"突变"的种类和方法很多，逆向思考有时可以提供给设计者无穷的创意，当然这在设计训练时就应该予以关注的。

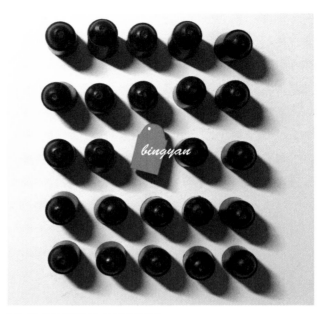

图4-25　造型法则运用（一）

4.14　对比（块，面线）——犀利一点未尝不可

　　对比可以鉴人，对比是把矛盾的双方放在一起营造冲突效果，如图4-26和图4-27所示。方与圆放在一起，方的显得更方，圆的显得更圆；红绿搭档，红的越红，绿的越绿。

　　对比无处不在又无处不用，大小对比、虚实对比、胖瘦对比、高矮长宽对比、明暗对比、冷热对比、线面对比、浓淡对比、软硬对比……

4.15　透明——明净，胆略的体现

　　千百年来，只有玻璃这种材料是透明的或半透明的。由于玻璃的密度和工艺局限，大多数用于建筑门窗或日用器皿，如图4-28所示，质轻而形态多变的"透明"产品问世则是一种近代的材料革命才得以实现的——譬如塑料的发明。

　　透明的功能意义不言而喻。

　　透明原材料由于不能加进影响透明的添加剂和填料而使材料本身更加"纯净"，即材料相对优秀。

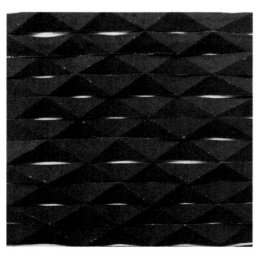

（a）

（b）

图4-26　造型法则运用（二）

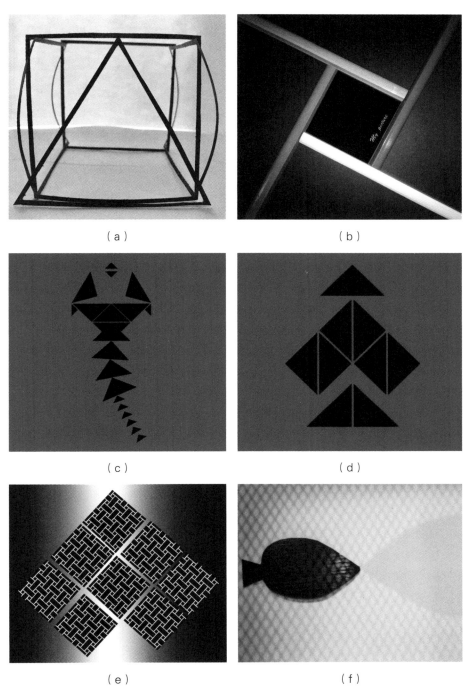

（a）　　　　　　　　　　（b）

（c）　　　　　　　　　　（d）

（e）　　　　　　　　　　（f）

图4-27　造型法则运用（三）

　　透明塑料在开模具时要求更高，除了要求原材料不得含任何影响透明的杂质外，对模具的模腔模芯的加工要求是完全一样的，否则塑件背面（非造型部分）的任何瑕疵都会在正面反映出来，这是不能容忍的，这意味着成本会提高。

　　透明的壳体会使内部零部件一览无余，企业家只有对零部件的质量有足够的信心才会采纳这类设计，这从另一个层面占领了产品的制高点，所以透明能体现一种"自信"美，如图4-29和图4-30所示。一些半透明或部分透明的造型则可以有"犹抱琵琶半遮面"的效果，产生一种灵透性，在视觉上往往产生比不透明（外壳）产品轻盈的感觉。

图4-28　设计展资料

（a）

（b）

图4-29　透明材质创意

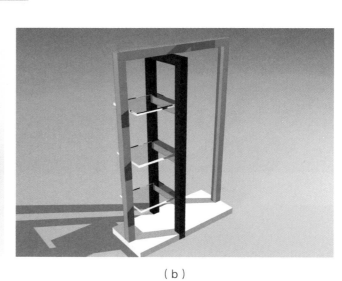

（a）　　　　　　　　　　　　　　　　　　　　（b）

（c）

（d）

（e）

图4-30　设计应用

✔ 值得骄傲的材料一定要尽显出来。

4.16　分隔——道是无情却有情

一个造型的比例由于种种原因不够理想，或者工艺需要将表面分成几块做，那么"分隔"就是不二手段。分隔的目的是优化造型效果，适当的分隔可以降低造型的厚重感，增加造型的灵动性。初学设计者大多不敢"下刀"：不知道应该按何种方式进行划分。其实分隔是遵循所要达到的视觉引导线走的，没有目的的胡乱划分是不可取的，要像时装设计师一样敢于"开料"、勇于"拼接"，尝试各种效果，突出主体，将

影响主体"尊严"的部分通过适当的走线整理干净，一切都是为了纠正影响主体设计的消极造型。所以，大胆分割、小心处理是设计中经常采用的手段之一。

大体量的容易出豪华效果而小体量则往往使人联想到精致，便携式的产品宜做小，而不经常移位的产品则要以体现身份的视角考虑造型，有时考虑到模具成本由结构相同的小模块组合成符合要求的造型以获得大体量的效果，这种小模块使表面设计成不同色彩或纹理成为可能，如图4-31所示。因此分割与否和如何分隔要视设计诉求而定。

（a）

（b）

（c）

（d）

（e）

（f）

图4-31　设计法则应用

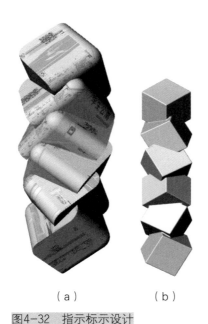

（a） （b）

图4-32 指示标示设计

4.17 解构，重构——他山之石可以攻玉

建筑上的"解构主义"风格有专门的定义，本处是借词发挥，看到他人的设计可以思考一下，能不能反着做一下？或应用在其他领域？这些元素的意义用在哪里会更好？进行重构会不会创造出新的语义？或有哪些思想可以带来新的灵感？当然解构不是破坏而是一种创作方法，有了新想法后的重构还是要回到设计的基本原则上来。

上述的"构"是"构造"的"构"，指改变造型的手法。下段表述的"构"则是由于材料的不同而产生不同"结构"的效果，如图4-33至图4-35所示。

同形异构：造型相同（类）然而材料不同导致结构不同，从艺术角度理解就是同一题材采用不同的表现方法以产生新的视觉效果。在设计方面，可以把一种司空见惯的题材用全新的材料和工艺使其产生意料之外情理之中的新颖感，如图4-32所示。这个指示标志的设计，只是改变了倒圆角的选择，就使得这个标志更具有指向性和独特感。

异形同构：用相同的技术手段和基本结构来演绎不同的造型以获得不同的视觉效果，这是设计中最常用最常见的方法。因为，技术进步和新材料进步总比设计项目要慢很多，所以，在一段时间里总是通过大量的设计来"消化"这些材料和技术。作为设计训练，对"异形同构"的研究可以很好地开拓设计的创新能力和设计视野。

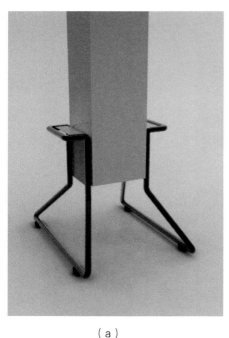

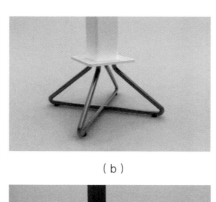

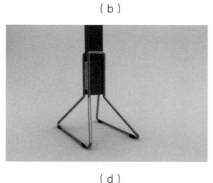

（a）

（b） （c）

（d） （e）

图4-33 设计法则应用（一）

✔ 选对材料比表现材料更重要。

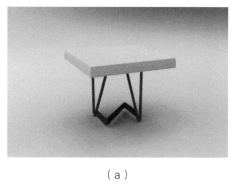

（a）

（b）

（c）

（d）

图4-34 设计法则应用（二）

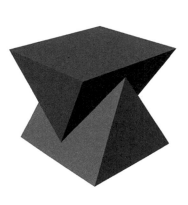

（a）

（b）

（c）

图4-35 设计法则应用（三）

4.18　聚散——好合好散两相宜

　　收得太紧的造型有时会显得拘谨、封闭、格局不大。早期的国内外家具设计都有一个特点，喜好把家具做一圈封闭的装饰边作为轮廓，单个家具的整体性效果达到了，但一套家具中单件家具之间的亲和性少了许多，若把室内空间当作一个整体则每个家具单体破坏了空间的一体性（物件之间的呼应），现代家具已经很少看到这些制约其向空间延伸的"边界"了，这是设计从强调单个的"聚"朝面向群体的"散"发展的例子。

　　有时，没有规律的"散散点点"的均布会给人一种平和、放松的视觉感受，如图4-36所示。

　　当一个造型看上去收敛有余（不当的疏密），放松不足的时候就要考虑是否应该重新摆布一下元素间的聚散问题了。

　　从教学实践来看，初学设计者大部分会犯"散"的错误——往往思考还不周全（没有列出若干个方案优化）就把相关元素布置于界面，容易造成"一盘散沙"，这时就要强调"聚"的作用，两者相宜才是设计的最佳境界，如图4-37所示。

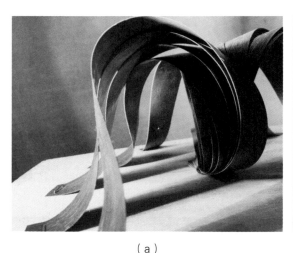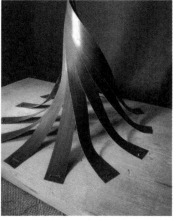

（a）　　　　　　　　　　　　　　　　　　　　　（b）

图4-36　探索空间曲线产生的力度效果

图4-37　"化零为整"在多元素设计中的应用

图4-38　线面关系应用

4.19　平衡、重心、稳定感——安全感是第一位的

主要服务于批量化产品设计的造型形态不可过分的跳跃，初学者往往有一种要把造型做得鹤立鸡群、非我不"取"的冲动，试想一下在一个室内环境里有各色用品均在争奇斗艳互不相让是多么可怕的现象！

那种追求"语不惊人死不休"的造型用作单件（大多为纯艺术品）产品作为某种标志尚可，作为商业产品的造型设计则要求"新颖但在情理之中"，不仅好看而且要耐看，因为产品主要是拿来用的而不是摆在那里看的，如图4-38所示。

由此，我们就要思考什么样的产品具备这种耐久性。毫无疑问，一个稳定的，不易碰倒的，感觉能舒舒服服安放的造型是被乐意接受的，如图4-39所示。这种效果不是呆滞而是要体现出一种造型的"儒雅"。"雅致""有理不在声高""润物细无声"等都应该作为设计者"操刀"时不要太夸张太求出挑的警示语。

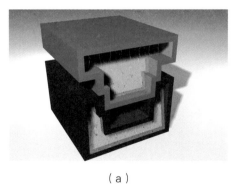
（a）

（b）

（c）

（d）

图4-39　平面造型练习

图4-40　一款经典设计案例

（a）

（b）

图4-41　设计创意

4.20　轻重——遵循习惯终不悔

图4-42　对比的应用

　　视觉上感觉太重的东西（设计元素）要使之轻下来，例如，密度大的材料被轻质材料覆盖；视觉上感觉太轻的东西（设计元素）要使之重一点，如图4-42所示。例如，框架结构建筑的底层用大砌块的花岗毛石做装饰等。商业产品都有一个如何"放置"的问题，即有一个"头脚"问题，设计不当会产生头重脚轻的弊病，有一种被压得喘不过气来的感觉，这是设计无论如何要避免的低级错误。威尼斯总督府的建筑立面就因为地层柱廊的"虚"使二层以上的"实"形成无法调和的头重脚轻问题，如图4-40所示。设计师在立面上竭尽能力采用贴、挖、嵌等多种手法力图让这种影响降到最低。

　　造型上的轻重感主要是唤起心理活动，所以有些设计师追求"高技风格"——用新材料和新加工技术故意营造一种头重脚轻的奇特视觉效果，如图4-41所示。这在家具产品设计中已不鲜见，但在家电产品中还不多见，不排除也会有设计师从新技术中获得灵感使这个领域未来也有创意型的类似产品出现，20世纪末的全透明计算器、时钟等就能初见端倪。

　　轻重关系处理不当的另外一种现象是在物理上确实产生了令使用者不适的情况。例如，有些电器把遥控器电池仓（遥控器重心）设计在手握位置以外，给用户造成很奇怪的应用体验。

4.21　整体性——抓大放小才有大格局

　　在做设计方案阶段与绘画一样，真正的画家懂得都是抓大放小的，即大处着手把握大的主线条而不会太关注局部。只有把大的轮廓搞准了，表现局部才有意义。

在设计初期，设计方案之间的差异性越大越好：说明思维的发散性越强，可供讨论的范围也越广。设计初始就抓整体性有点像人们在交叉路口停顿，是决定朝哪个方向走下去的关键一步，从整体评估哪个方案更可取，可以避免走弯路以提高设计效率，如图4-43所示。

从造型本身研究，造型中元素的数量、大小、位置、深浅、色彩、纹理等会直接提升或削弱整体性效果。经常可以看到造型轮廓"压不住"局部元素的设计，造型显得支离破碎，似乎要讲千言万语，实际上却还是语焉不详。

4.22 局部——细节决定成败

"整体"是首，"局部"是尾，只有把首尾衔接好了，设计才算成功。"大处着眼，小处着手"很重要，"大处着眼"强调时刻关注整体性（效果），不要喧宾夺主，"小处着手"则是要求不能忽略每一个细节，任何视觉所及之处都要经得起看，初学设计者对局部细节往往不够重视，认为无伤大雅，殊不知就此露出马脚，设计功力优劣顿现。笔者记忆犹新的是上海地铁1号线的机车——沪上首条地铁。引进的是西门子车厢，一个车厢近20米左右，然而每一局部例如门

缝线、灯框线、把手衔接处等感觉就是按家用电器的标准在做，反观一些国内品牌的轿车，尺寸比地铁车厢小了不少，但门缝从上至下明显的宽窄不匀，后窗的封胶边凹进凸出不一，尽管这不影响使用，但这就是细节，外观的细节处理得不好，消费者就会自然而然对整车的质量缺少信心。

揣摩细节——这种细节不是指局部要搞得如何复杂，而是指对每一个圆角、倒角的选择和连接处都有用心地考量和细心地处理，这些细节可以体现出造型的与众不同，更彰显品质，如图4-44所示。

4.23 主次——青衣花旦一折戏

按传统美学，一个完美的造型必然有一个视觉中心（视觉主体），是设计的主要诉求点，在体积上也是最大体量，功能性产品则是内部主要零部件的核心模块位置所在，这是设计必须要重点考虑之处。所以，整体造型是什么样的很大程度由这一模块的形状、布置方式决定，即形式追随功能，如图4-45所示。

满足主要形态后，大部分产品都有人机交互部分需要处理，这些交互部分当然要考虑人机工学的问题，如图4-46所示。但本书不涉及人机工程学内容，

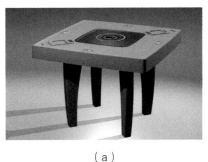

图4-43 产品设计案例初步（一）

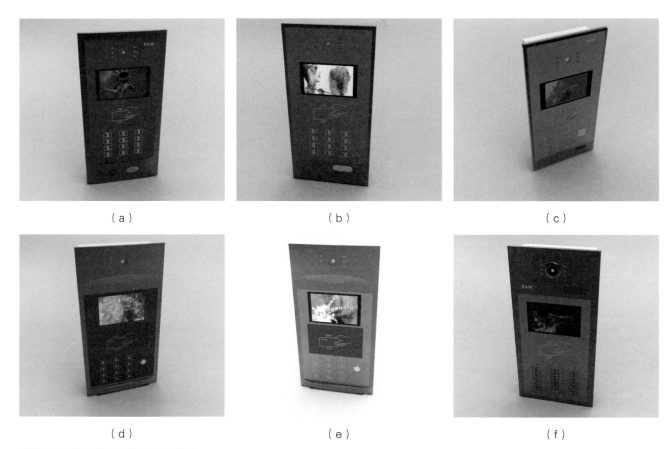

（a）　　　　　　　　　　　　（b）　　　　　　　　　　　　（c）

（d）　　　　　　　　　　　　（e）　　　　　　　　　　　　（f）

图4-44　产品设计案例初步（二）

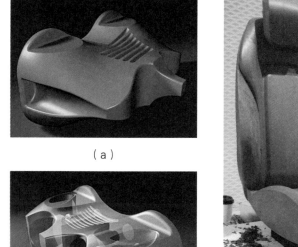

（a）

（b）

图4-45　造型创意与功能的匹配
（一）

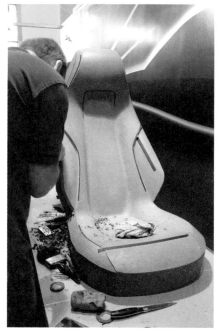

（a）　　　　　　　　　　　　（b）

图4-46　造型创意与人机工学的匹配

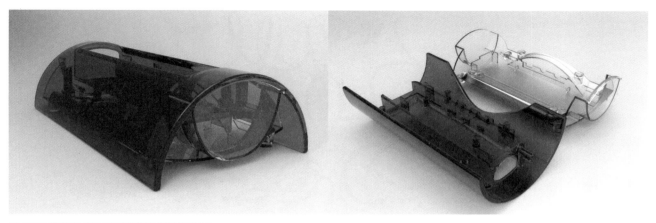

图4-47　造型创意与功能的匹配（二）

图4-48　造型创意与功能的匹配（三）

图4-49　造型创意与功能的匹配（四）

在此不述。这些与人有关的设计是提供给设计者展现才华的最好机会，尽管从设计重点看交互是次要部分，但这些次要部分可以对整体设计起到画龙点睛的作用，一出戏只有青衣花旦相互烘托才能相得益彰，产品造型设计也如此，因此应该把"次要"的"次"理解为"次序"的"次"——只是决定好主体设计后接下来要做的下一个重点，必须受到同样的重视，如

图4-47至图4-49所示。依据产品的门类不同，有时操作等交互设计会成为设计首要考虑的内容之一，而不是次要因素。

4.24　多样统———道是无序却有序

中国园林讲究"借景造势""移步换景"和"曲径通幽"的美，这一切是围绕着"多样"两个字做文章，营造丰富的视觉效果。当感觉到已经目不暇接的时候，设计的目的就实现了一半。过于简单的造型或环境设计会有单调乏味之感，毕竟不是每个人都懂得简单与简约的美学差异，而丰富的视觉却让大众进入了"闹忙""热闹"的气氛中。

设计目的的另一半就是引导审美，将纷乱的元素做理性的调整，把看似自由、散漫的元素纳入合理、合情的格局，如图4-50所示。

一个设计要做到既多样又统一，有时在多样的面貌下内涵统一，有时则在统一的格局下有多样化的表现，形成丰富的设计样式。

4.25　参差——不刻意，求大气

"参差不齐"指的是一种随意摆放或生长导致高低不一的状态，设计上笔者把它引申为不要太刻意的表达某种形式，要体现一种轻松自然形成的效果，给人以"理应如此"的印象，如图4-51所示。

一些美术大师晚年作品的画面上都会呈现出颤

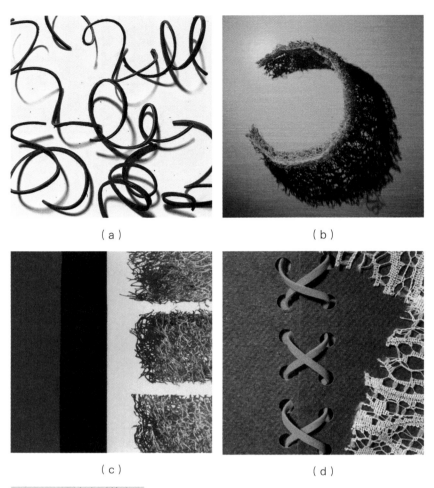

（a）　　　　　　　　　　（b）

（c）　　　　　　　　　　（d）

图4-50　设计法则的应用

图4-51　"灵感一现"——自然洒脱

抖、飞白、甚至断线等笔触，这是大师视力退化后用感觉在下笔，笔墨
中体现出一种"老到"：线不再强调直，蜿蜿蜒蜒送到位即可，这也是
一种"参差"效果。

　　在一些偏艺术的造型设计中，"参差不齐"的概念可以拓展到将同
一种材料（或同类材料）以故意参差的手法营造出一种在规律下求自然
的场面，如图4-52所示，体现出设计师潇洒掌控大局的设计境界。

4.26　均衡 ——含蓄的对称之美

　　对称的东西视觉上一定是均衡的，但均衡的东西不一定对称。旧时
的秤砣与所称物的平衡就是达到均衡的例子。被称物的体积大多与秤砣
是不同的，但只要秤杆保持水平，人们无论在心理上还是在视觉上都会
觉得两边是平衡的。而达到均衡感的造型比不均衡的更容易为大众所接
受，这就是即使功能元素是不均衡的，设计者也要采用设计手法使之尽

　☑ 在方寸之间的空间构划一个型——这个型的每个部分都应该反映出积极的勃勃生气。

（a）　　　　　　　（b）

（c）　　　　　　　（d）

（a）

（b）

（c）

图4-52　"人造"，但富有动感与力度之美　　　图4-53　在均衡处理上失当的案例

可能地达到均衡，如图4-53所示。

　　从上述秤的例子可以获得启发：如果一端物体实际过重或过大，可以采用外形设计处理、表面的材质选用或色彩设计等使之视觉上显得轻下来或小一些。

　　均衡手法并不局限于造型的左右处理，上下乃至全方位均有造型是否达到视觉上的均衡问题，一个好的造型设计既不会把精华孤立集中在一个位置，也不会不分重点地把造型搞得支离破碎，如图4-54所示。

4.27　光滑、粗糙 ——淡妆浓抹总相宜

　　光滑与粗糙是一组对比。若在一个造型上出现，光滑的鉴可照人，粗糙的则如崖边陋石，光滑给人以精细的人工雕琢感，它的背后是匠人的心血和汗水，

这从另一方面透显华丽，暗喻奢侈，如图4-55所示。

　　就人性而言，大部分人是喜好光滑而摒弃粗糙的，尤其是要经常被触及的物体。自然现象中，崭新的东西经春夏秋冬，被风吹雨打后，会逐渐侵蚀变得粗糙不平，因此粗糙又代表了陈旧和破败。在设计中，除非很好地处理粗糙（表面）与光滑的关系，否则会很不讨巧。

　　但是，光滑的东西在体现精细的同时也会感觉不够大气，在设计较大体量的造型的时候采用粗糙的肌理面可以减少很多反光，让某种凹凸效果不受干扰地呈现出来，使形体变得更肯定而且稳重，如图4-56和图4-57所示。因此对于光滑与粗糙孰是孰非不可一概而论，一位优秀的设计师应该可以把所谓"粗糙"的感觉做出有相当震撼力的造型来。

☑ 随意摆放的一块织物由于受到重力的影响，或垂或曲，或转折或舒展，没有任何一个角落体现突兀，从设计角度想想可以学到什么。

（a）

（b）

图4-54 均衡但不平庸

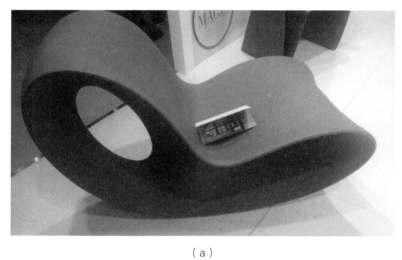
（a）

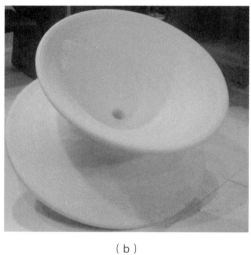
（b）

图4-55 设计展资料

（a）

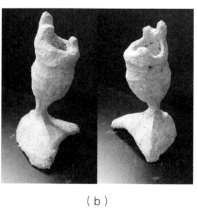
（b）

（c）

图4-56 大曲率的曲面多采用哑光或消光表面效果

☑ 柔的东西一定要让人想到丝绸，硬的东西一定要让人想到顽石。

（a）

（b）

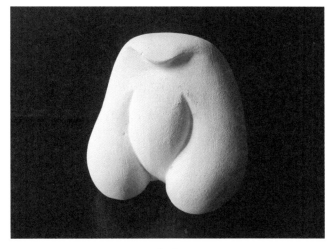

（c）

（d）

图4-57　设计案例

4.28　比例与尺度 ——高低瘦胖总是情

　　一定要强调一点：所谓"比例"是研究空间三个维度之间的数值关系，而不是整体的大小感！设计一个造型，确定最富视觉美的比例是设计能否获得成功的很关键的一步。比例是生命。比例错了，花再大的技巧来弥补也只能是事倍功半，与其如此，不如开头就把路子搞准。比例是确定造型高低胖瘦的，人们观察了自然界生物生长的普遍现象后得出了经典的结论：同类物种中太高太低太瘦太胖的个别都属于"异类"或"畸形"——或因基因突变或因营养不良，因而是不美的，后来又有了"黄金分割"说。但这些传统的美学受到了越来越多的挑战，首先，黄金分割是一个确定的比例关系，即使再美，一统天下终有

（a）

（b）

（c）

（d）

图4-58 变形，但变不失真

被厌烦的时候，喜新厌旧的本性又让人急于获得新的感受；其次，形式服从功能：产品功能的多样化很难一成不变地纳入同一个比例中，势必应该有全新的、符合结构要求的新形态出现；最后"青菜萝卜各有所爱"，如果该类产品的用户众多，那么该产品即使只有占比很小的人群喜爱，也会拥有无数的消费者足以让生产者无暇应付，所以将高低胖瘦予以同等重视并不过分，都会找到客户群。

在对高低胖瘦（另外还有厚薄，粗细，长短等）一视同仁的前提下，高多少，胖多少则是一个审美问题了。柯基犬的腿越短越可爱，国宝熊猫越胖越惹人喜欢，视物而定。一个产品的比例到底应定为多少，与产品结构、与使用场合、与使用方式、与行业标准、与产品类别等等都有密切的关系，但是应该有足够的比例意识，才可能有成熟的设计出现。

与比例相关的设计概念是尺度，即研究产品的真实大小与人们视觉感受到而产生的心理大小如何匹配的问题。研究尺度是掌握一种设计技巧，当实际造型太大或太小时应用何种设计技巧使对象最大程度地符合人们的视觉要求，如图4-58所示。

4.29 气韵 —— 美好生命的力量

可以把"气韵"两字拆分开来理解："气"表示活生生的，不是死水一潭的；"韵"则表示和谐并且有节奏的，活得很健康、很有活力。两者加起来的效果不言而喻，就是充满了一种能量、朝气而且没有僵硬做作的痕迹，如图4-59所示。

贝壳在自然的雕琢下，尽显生命的力量和纹理的精致，这样的灵动和气韵是任何模型都无法还原的。

"气韵生动"是中国艺术美学中对作品优劣的一个重要评价标准，符合"气韵生动"才能称为上品，这是手法熟练常变常新的标志，如图4-60所示。在造型设计中，富有气韵的作品应该体现年轻、反映生命向更旺盛方向发展的历程。

人造的仿生作品即便再精妙，与天然的贝壳相比也难免平添几分匠气，如图4-61所示。

4.30 性格——坚定才能成王

平庸的产品造型犹如和稀泥，或东抄西凑不伦不类，即使稍微像样一点的也就是个"大众脸"让人过目即忘，这就是造型没有自己的性格（不

✔ 三维方向上的比例很重要，要以塑造有生命力的形态（不是模仿或以某种生物为蓝本）毫不犹豫地确定型的主方向。

   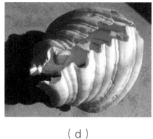

（a） （b） （c） （d）

图4-59 生物的精美结构无与伦比

图4-60 源于自然，"为我所用"的意识

图4-61 CNC加工获得的仿生效果

 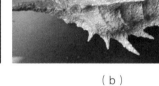 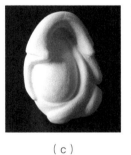 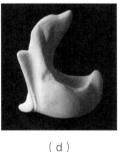

（a） （b） （c） （d）

图4-62 遗貌取神的造型设计意识

是风格），"要有性格"是一种设计意识，反映在作品上就是"个性化"——人无我有，人有我优，思人所不思，做人所不做，始终占领求新求变的制高点，如图4-62所示。

在创作造型设计出方案之前，要思考造型朝哪个方向走或从哪几个方向走可能会获得用户认同，最忌讳不假思索"画到哪里是哪里"的习惯，这样会出现杂七杂八的形态或搜肠刮肚为形而形的东西，"性格"一说荡然无存。

经常看到一些半死不活的造型，笔者会从心底发出呐喊：做出点性格来！

☑ 特征就是你无我有，艺术讲究个性，设计讲究特征，否则就容易趋于平庸。

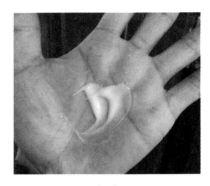

（a）

（b）

图4-63　养成随时捕捉创意的设计
意识（一）

4.31　情趣——生活中不能没有调味料

如果人们的生活只有衣食住行，与动物所求也差不了多少，日复一日从早到晚围着这四个字转或许也会日渐枯燥，因此，精神修养或寄托也必不可少，"情趣"就是一种。感觉到有情趣是知识修养达到一定境界的结晶，有很多好设计实际上是重复了已有的功能，但为什么还受青睐？或许就是多了几分情趣，让趋于平淡的生活有了新的活力，如图4-63所示。阿莱西的产品都明显具备这种诱惑，让你产生喜新厌旧的欲望，这也推动了设计的进步，使设计者朝深入挖掘人们的精神追求的方向去努力，或者在设计某个产品时关注添加某种情趣会让产品有新的亮点。

真正有情趣的设计师一定有豁达的性格，一定有峰回路转的设计本领，另外，情趣的品格有高低，低级趣味是一种低层次的精神享受，富有内涵的幽默或许是一种只有志同道合者才能会心一笑的情趣所在，如图4-64和图4-65所示。

即使设计者大概也很想有自己的设计风格，但一个过于严肃的人可能不会做出真正有情趣的造型，因为他脑子里压根儿就没有"情"和"趣"之类的"细胞"。市场中的产品确实有很多造型与情趣有关，这就要求设计师的修养是全方位的，要能表达出高于常人的趣味点。初学设计者应该把自己训练到成为富有情趣的一分子才能领悟到产品如果有情趣会有多美妙。

4.32　华丽——人性使然，焉能无视？

设计的重要目的之一就是改善人们的社会环境、工作条件和提高生活质量，当这些有了进步后，按马斯洛的理论，体现身份、地位要求的产品

（a）

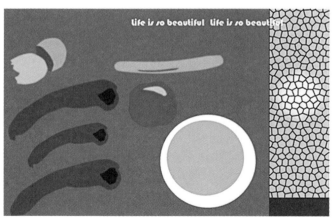

（b）

图4-64　养成随时捕捉创意的设计意识（二）

☑　用艺术的眼光看生活，用生活的眼光看艺术。

（a）　　　　　（b）　　　　　（c）　　　　　（d）

（e）　　　　　　　　　　　（f）

图4-65　养成随时捕捉创意的设计意识（三）

（包括室内设计等）同样成为设计的一个很大领域以满足人们的精神需要，如图4-66所示。

　　大概在工业革命之前，人们的物质生活还仅停留在建筑、家具和一些家居用品的时候，能体现家庭殷实或社会地位的"表达物"可能就是聚焦在用价格昂贵的石材砌就的伟岸建筑，用名贵实木制成的精美家具以及用金银打造的日用器皿之类，总之，就是用货真价实来体现豪华，千百年来形成了人们固有的观念：这种组合代表了人生的成功，令大部分人向往。

　　即使在各种物质及精神产品已经令人眼花缭乱的今天，体现"能被他人看得到的豪华"仍然是很多人为之努力的目标。这不但是自我需求更是一张重要的社交名片，现在的酒店宾馆设计、会所乃至家装设计中仍然热衷于追求这类效果，如图4-67所示。尽管所谓豪华设计已经用替代材料营造，但设计

（a）　　　　　　　　　　　　　　　　（b）

图4-66　设计案例

（a）　　　　　　　　　　　　　　（b）

图4-67　室内设计风格案例

师仍兴趣不减地营造某种"豪华"效果以满足视觉需要，成为多种设计风格之一，与造价无关——或许其他风格设计的造价并不低于那些"豪华"类型。

　　一般的消费者若心仪一个造型（产品），通常会从设计、工艺、材料三方面仔细评估，如图4-68所示。问题是有些成品的材料不经过有损检测是无法核实的，因此只能认为优质的材料大多会配以优秀的工艺（和辅料）——较次的材料或假冒的材料不值得生产商花高成本的工艺来制作，这是正常的思维，设计要与材料、与工艺相匹配也就在情理之中了。

　　真正追求货真价实的客户大有人在，这是传统人生价值观的延续，不可逆转。

4.33　古朴，朴实——返璞归真，一种低调与自信

　　古朴不是刻意营造出来的，"古"是要由漫长的时间长河来发酵的，古人的生活相对今天一定简单得多，对大部分人来说物质较为单一，这亦是当时的人们求得满足基本生活当足矣的原因。

　　古代当然也没有现在那么多复合材料，竹帛藤萝、棉麻丝帛成布应该算是很不错的"人造"物了。人和自然的关系相对简单，人们没有足够的

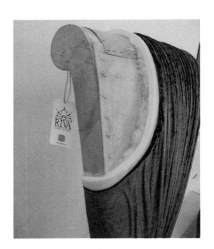

（a）

（b）

图4-68　由表及里的品质是设计生命

☑ 洛可可是甜腻腻的美，带有颓废；巴洛克是奢靡的美，不吝雄壮。

能力对大自然"翻箱倒柜",大自然也就向人们馈赠在人看来"弃之可惜"的自然"遗物",达到初级阶段的和谐共生。

今天的物质、精神生活已经使各种思欲不再是停留在潜意识中的奢望,技术进步也使"上天揽月"成为可能,达到形式上的奢华也只是满足自认为的鹤立鸡群而已。相反的,追求古朴的风格并不输给张扬的豪华,可能更彰显一种自信还平添几分风月或格调,绝不是罐中无粮之举,如图4-69和图4-70所示。

情调不专属于艺术,除了经常被廉价使用的"艺术情调",还有生活情调,现代产品考虑"情调因素"更多的是能增添使用者的"生活情调"或者"格调",如图4-71所示。

喜好古朴者不乏成功人士,所以古朴设计中往往透出几丝低调的奢华。

朴实则是一种完全率真的生活态度,悟透生命的

本质,理解人与自然的关系,信奉老子的思想,应用到设计法就是不多着一笔,每一笔都有足够的理由,将形式的耗费降到极简,透过不多的装饰通过曾经的文化轨迹传达人生态度,如图4-72所示。

图4-69 造型设计应用

(a)

(b)

图4-70 造型与光影的探索(一)

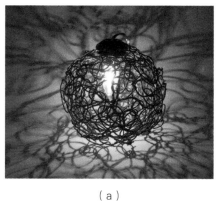

(a)

(b)

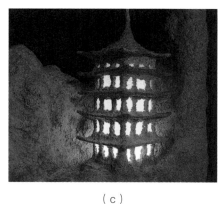

(c)

图4-71 造型与光影的探索(二)

（a）　　　　　　　　（b）　　　　　　　　（c）

（d）　　　　　　　　（e）　　　　　　　　（f）

图4-72　透出古朴趣味的造型

4.34　现代感 ——永做时代弄潮儿

"现代"意味着时尚、时髦，新的东西永远有年轻人去尝试、去追逐。而设计终究是年轻人的事业，所以要成为一名合格的设计人，一定要有学无止境的意识、超强的预判能力（前瞻性）和培养敏锐的嗅觉并且坚定地让自己"永远在路上"。

尽管在初学设计的时候接触到很多设计大师的作品和历年的经典作品，但在自己做设计时不要指望也成为大师或出经典。"欲速则不达"就是指要把功利意识先放下，多参与或承担各类不同的设计，从中悟出与设计相关的方方面面，把手中的刀磨锋利了，做什么设计都行，所以市场或潜在市场需要什么就应当尝试开发什么（即使是模拟的作业也要当作实战以刺激趋于懈怠的大脑），每天有新材料、新工艺不断地问世，设计师必须紧盯着这些最新的动态，适时启动"拿来主义"，材料选对了，工艺用对了，现代感就自然而然出来了。

与早期材料和工艺品种类不多相对比，现代设计师更多地应该关注材料革命和工艺革命给设计送来的饕餮。

在现代设计领域，一个有智慧的设计师不会把新材料、新工艺再拿来演绎一些陈旧的形式。一个明显的趋势是刻意在形态上做花哨文章的设计方式，已经让位于力求直接表现材料与工艺之美的设计形式，如图4-73所示。

（a）　　　　　　　　（b）

（c）

图4-73　追求时尚，设计师永恒的话题

4.35 可爱 ——不可拒绝的诱惑

无论男女老少，见到可爱的造型都不会排斥，可爱的物体一定排除了攻击性，可爱的东西一定触及到了人心的温馨之处，我们觉得婴幼儿可爱是因为其行为有非理性的滑稽又常常"作践"自己，还添加了几分怜悯之意。

从设计角度讲，要做到实现"可爱"并非易事，玩具设计师的作品要让婴幼儿觉得可爱，没有童心或不揣摩童心做出的大多是僵硬的、带有成人化痕迹的"儿童玩具"，如图4-74所示。

可爱含有"天真，憨厚"的成分，往往是以一些故事化+卡通化的形象打动人。而可爱并不局限于小狗小猫或婴幼儿之类，"直爽，正义感"的形象同样是可爱的，因为这是一种很显快意的代言，他唤醒了久藏在人们内心深处的正义（潜意识）。

可爱的形象大多将原型朝戏剧化的方向变异，夸张，但不失真，如图4-75所示。

依据产品诉求不同，会加入一些值得添加的"可爱"成分，即使是一个圆角大小变化处理实际上也是要考虑避免造型外在的攻击性，而使之变得"温顺可掌控"。

4.36 提示，暗示 ——含蓄之美

在设计过程中刻意地在形态或尺寸中"暗藏"一些特定的符号或寓意是不可取的，尤其是夹杂一些常人几乎无法联想的数字更不足取，若牵强附会一定要加入这些东西除非是设计高手，否则一定会使造型不伦

（a）

（b）

图4-74 童趣与幽默，设计师常青的基本素质

（a）

（b）

图4-75 儿童心理与造型设计的匹配

（a） （b） （c） （d）

图4-76 另类创意，大胆探索，虽败犹荣

（a） （b）

图4-77 专业学生设计的儿童用品

图4-78 西班牙科学城，有机造型设计一例

不类，受制太多反而束缚了造型应该传达的明朗语义，另一个极端例子是把A造型捆绑在B造型上，因为要传达A的某些信息，使得B造型上显露出无奈的负重感，如图4-76所示。

这种现象在建筑设计或景观设计中尤为泛滥：一棵树一定要修剪得像一只孔雀或一头大象；一座山一定要感觉像一尊佛才有美感；酒业大楼的造型就是一个巨大的酒瓶；阳澄湖边一定要有一个放大得离谱的大闸蟹（建筑）。这实际上是东拉西扯把原本的天然美硬生生拖入人工合成的庸俗境地，实际是迎合了那些不可恭维的审美能力，严重拉低了设计师应负的责任或者设计师原本对美就存在"原罪性"的曲解，当然更可能是甲方的权利在作祟。

那么，是不是造型必须一览无余？答案也是否定的。不同的产品类型、目的不同，对设计造型是否应

该带有提示，提示什么，是很有讲究的，如图4-77所示。如果说把树修剪得像动物或各种几何造型（例如球形，圆台形）还有一些审美"市场"的话，将吸尘器设计成一辆轿车的形态已经是比较遥远的事了，如果把一台榨汁机设计成大熊猫的形态则几近荒唐了（但此类设计在市场上还经常被看到）。

"含蓄"是指设计造型本身传达出的耐看的意味，不轻浮浅薄，不嚣张跋扈，隐隐透出的悠长的文化气息，而不应该是教条地添加一些符号了事，如图4-78所示。

4.37 天然（自然）——巧夺天工为上

天然物不是设计，但"宛若天成"却是对好设计的赞美，说明自然界里有设计者膜拜的地方，如图4-79所示。举一个例子，溪流中的鹅卵石是几十上

百年流水冲刷的结果，原本有棱有角的各种形态的顽石变得趋于一统，用手触之有明显的流线曲面特征，这种曲面的复杂度远超当今数码能力所及，即目前主流设计软件大多用非均匀有理B样条曲线（曲面）来模拟自然曲面，但真的仅仅是模拟而已：自然形态的复杂度远高于科学家目前的研究，从设计应用角度看自然界有取之不尽的灵感来源，尤其是有机物的多样性中蕴藏着无数的具有美学价值的东西等待设计师去发掘。

20世纪末开始的新流线型轿车无疑是在三维软件获得突破后设计师借用这一"利器"向自然中的生物讨教造型的结果。

20世纪末成熟起来的新有机建筑也是建筑师梦寐以求向自然敬礼的表现。由此说来，向自然学习，达到浑然天成也是设计追求的目标之一，而且永远没有尽头，如图4-80所示。

4.38 儒雅——翩翩君子之风

"儒雅"——自信仍秉承彬彬有礼，遇事处理问题有礼有节，这是现代人对"儒雅"的初步理解，用在设计上大概也够了。一个产品造型表现出的不是用表面的新奇怪异哗众取宠，与产品内质相匹配的造型是衡量一款设计优劣的标准之一。豪华风格的产品形态设计与低质的功能相组合是狼狈为奸，是以华而不实骗取市场，终究走不远；优质产品没有匹配的造型相当于"鲜花插在牛粪里"，显然很憋屈。所以产品造型设计不是越高端越好，一定要和产品的市场定位、用户群的消费相匹配，凡试图以激起消费者的虚荣心为设计目的的造型都不是真正意义上的好设计，如图4-81所示。

儒雅的造型不但注重整体的比例关系，对每一个倒圆角都会反复推敲，即使不易被察觉的细节也处理得一丝不苟，这种用心的结晶是使产品体现出低调但仍透出尊严、自信和理性之美，如图4-82所示。

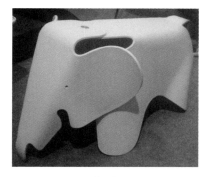

（a）

（b）

图4-79 设计名家构思的有机造型（一）

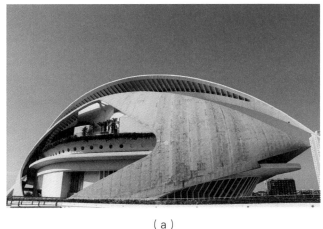

（a）

（b）

图4-80 设计名家构思的有机造型（二）

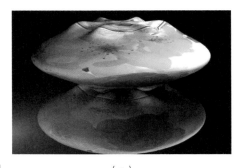 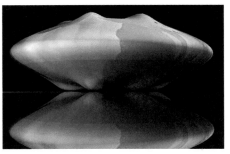

图4-81 曲面造型练习　　　　　　　（a）　　　　　　　　　　　　　　（b）

图4-82 虽同构异形但诉求迥然
不同　　　　　　　　　　　　　（a）　　　　　　　　　　　　　　（b）

4.39　粗犷——北方之狼，阳刚之美

　　这里的"粗犷"且当褒义讲，精细的东西看多了未免觉得"甜俗"，中规中矩的造型见多了未免乏味，符合传统审美要素的造型比比皆是的时候，所谓的"审丑"也一时为人所乐道，如图4-83所示。其实"审丑"是"审美"的一个分支，自古就有，当喜剧盛行的时候悲剧同样被认为是一种教化的工具，只是形式不同，"审丑"也是如此，而且"丑极致美"，中国戏剧中的丑角或善良到让人噙泪或奸诈到让人咬牙切齿，没有这些丑角一台戏一定会黯然失色不少。"粗犷"当然不能与审丑并论，因为粗犷确实是一种设计流派，粗犷不等于粗俗，也有别于野蛮，粗犷潜含了一种正义，一种不阿，一些该以阳刚面目出现的造型，一定含有粗犷的基因，反之则显柔弱不达要义，这样的造型就迷失了大方向，无论如何修改终会因先天不足而以失败告终。

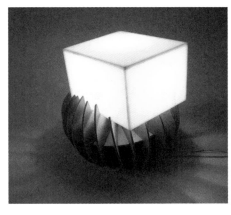
（a）

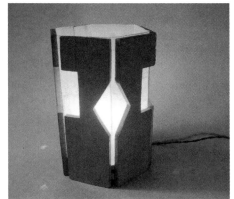
（b）

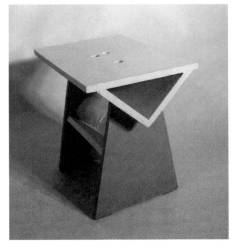
（c）

（d）

图4-83 横平竖直达到利索的效果

4.40 怀旧——触物生情有文章

恋物是人特有的情感之一，物本无情，但伴随着使用者甜酸苦辣的时间久了，就记上了一代（或几代）人的生命印迹，最终酿就一段醇厚味道的回忆。

能成为怀旧设计的产品必然有一个基本的要素，就是老产品在市场上有足够长的时滞和足够广的覆盖面和影响力，跨越一代人或一代产品几乎成为"经典"后，才会勾起人们对它的怀念，成为那代人心灵的慰藉。

例如我们的那些年代，凤凰自行车、蝴蝶缝纫机、上海牌手表、海鸥照相机，等等，是趋之若鹜的追求，是美好生活的标志。若产品日新月异，频繁更新换代到让人来不及怀旧即在市场消失，就很难产生"经典"，当年的Walkman，摩托罗拉移动电话（俗称"大哥大"）都成为一代经典产品的神话，相比MP3到MP4再到U盘，几乎是产品还没捂热就被冷落，如图4-84所示，所以"怀旧设计"是有选择的。

怀旧设计还与产品本身品牌有关，其一：一个没落或已经消失的公司的产品要重新让人怀念继而继续成为其"粉丝"或许有更大的难度。其二，一成不

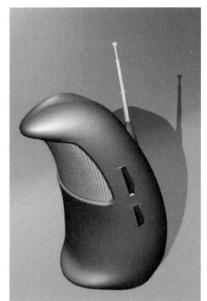

图4-84　产品的"经典"与
"时滞"

（a）　　　　　　　　　　　　　　　　　（b）

变的复制原产品并不能唤起人们的好感，必须注入新的活力，数码相机从五花
八门的造型到盒式机再到卡片机形式，最终定位在传统照相机的造型，就是一
种造型上的"怀旧"——市场认为一个高端、专业的照相机应该是什么样的才
能为消费者接受，尽管数码相机并不需要传统相机的造型。

　　一代代人都会有自己的怀旧情结，所以怀旧设计不是"没落设计"而是设
计大类中一个永恒的课题，如图4-85所示。

4.41　囫囵模仿——画虎不成反类犬

　　学习造型设计阶段，模仿是必不可少的环节，尤其是对设计大师作品的研
究，不脚踏实地的模仿很难获得大师的思想精髓，一些终有成就的艺术家都有
年轻时长年潜心临摹大师作品的经历，学设计也应该如此。

　　模仿不能成为目的而只是剖析他人长处的手段，所以模仿作品不应成为最
终产品。现在比比皆是的山寨作品是不求进取、基础肤浅、思想浮躁的表现，
大多数是东施效颦的拙劣堆积，成为让人茶余饭后的笑柄，有的伪劣到令人恶
心的程度，如图4-86所示。

　　改革开放后，不成熟的甲方或不自信的为官者更乐见那些贴着欧式"经
典"标签的假货，幼稚地以为就此与世界接了轨，这从各地政府大楼、法院等
建筑的造型就可见一斑。

　　客观地讲，当要寻找一种代表本地文化符号，延续民族特色又符合现代功
能需求的真善美的建筑样式时还真的几乎是一片空白，如图4-87所示。

　　从小概念来说，大量模仿会丧失原创设计的价值，给设计界挖了一个巨大
的坑，最终受害的是设计人，如图4-88所示；从大的概念讲，堂而皇之的模

（a）

（b）

（c）

（d）

（e）

（f）

图4-85　时间孕育的经典，成为一种风格（怀旧设计）

（a）
（b）

（c）
（d）

图4-86　不到位的仿冒体现了缺乏设计自信

（a）
（b）

图4-87　古典风格与现代技术的矛盾性

✅ 设计要像优秀的书法，不矫揉，不造作，笔画中透出健康之美。

（a）

（b）

图4-88　不明智的"撞车"造型

仿是一个民族道德低下的表现，有损民族的形象，当然也使得产品沦为低层次的象征。如果这个成为社会的一种共识，要扭转这种观念可能要花几代人的努力才可能改观，这还是这几代人已经觉醒、痛改前非的前提下的乐观估计。

设计界一向以创意、创新、创造为己任，如果造型设计放任低层次的模仿，会严重误导了社会的审美水平，也会严重拉低自身价值为民众所不耻。因此，除了一些必要的实验性模仿，更多的应该鼓励原创（即便是一些不成熟的原创）。这才是设计界和社会应有的对未来负责任的态度。

4.42　虚实、空满——一张一弛皆成文章

虚乃实也，"月满则亏"有些哲理加禅意，但确实可以借鉴到设计方法论中，"虚"是有实实在在意义的，如图4-89所示。例如，在商场设计中，用灯光或地面材质的不同暗示不同的功能区域而不是采用物理隔断，达到了同样的目的。在轿车车身设计中也要关注虚实相辅的问题，车身为虚来烘托车的前脸，如果四周处处皆重点搞得像印度大篷车一样，就变成"民间艺术"了。"空满"也是一个辩证的两方面，留

空可以给观者予想像空间，过满则有"强词夺理"之嫌，尤其是观者还不能完全理解的情况下。在室内设计中，对"空"的研究要大于"实"，空间合理地分割出来了，与之相关的隔断就确定了，所以有时人们更愿意用"空间设计"来描述与人的活动相关的设计。

在造型设计中，虚实、空满处理是一种设计手法或技巧，当一个造型显得太"重"的时候会"虚"一下以营造轻盈感，柯布西耶设计的朗香教堂屋顶下沿开出一条透光的"虚线"一下子让屋顶有飘起来的感觉，萨伏伊别墅底层细细的立柱和上层联排的窗户营造出墙体轻盈的感觉都是这种虚实关系的应用，如图4-90所示。

"虚实""空满"可以产生节奏感，让有些沉闷的造型变得富有线条，需要说明的是"虚实""空满"只是谋求的一种效果，具体形式上的做法则可以是丰富多彩的，如图4-91和图4-92所示。

4.43　复杂——从叹为观止到膜拜

有序的复杂会产生"精美"的效果，多样化是复杂的一种。产生复杂的方法很多，上述各种设计手法

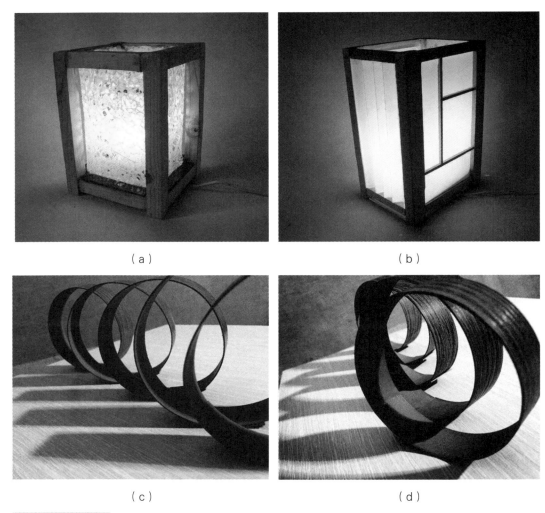

（a）　　　　　　　　　　　　　　（b）

（c）　　　　　　　　　　　　　　（d）

图4-89　设计案例

（a）　　　　　　　　　　　　　　（b）

图4-90　萨伏伊别墅与郎香教堂，迥然不同的造型应用

☑ 看"空"——在建筑设计中，研究围合的本质是研究其围合的"空间"。一个积极的空间是有秩序的，而一个消极的空间必然是无序的。

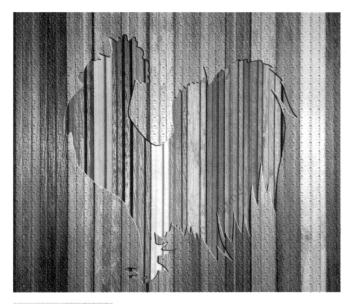

图4-91 设计创意

图4-92 新视角激发新想法

的有机组合应用都可以达到"复杂精美"的效果。

工业革命开始之前,"复杂精美"是有权势有地位或殷实人家的专用词,因为"复杂精美"的背后是优秀匠人加倍加时劳作的体现,没有经济基础这就是奢望,所以无论是皇宫还是教堂都会追求"复杂精美"以彰显地位和强势。

即使在近代,"复杂精美"制作如果是人工制作也是一种资金不菲的花费,一般民众可能也就只是在局部做些点缀设计。类似徽州民居中的砖雕、木雕或石雕,如图4-93所示,而且这三雕虽然仍有手工制作但太多已经批量化

图4-93 繁缛与精美

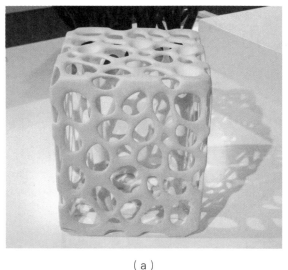

（a）

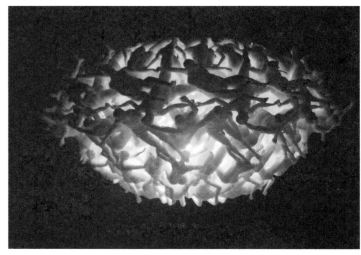

（b）

图4-94　新工艺使新造型成为可能（RP技术一例）

生产，只有名门望族或还会有定制需求。

时至今日，大部分的"复杂精美"都可以通过CNC快速精确成批地制造出来，而且这种高效使成本低廉到手工根本无法与之匹敌，也满足了大部分怀有某种情结的消费者心理补偿的需要，如图4-94所示。

大众的审美是一个不会由理性即刻改变的。当以往物以稀为贵的"复杂精美"普遍到一定阶段后，就会有其他让人趋之若鹜的新的审美物出现，就像古典主义设计被现代派"清洗"了大部分地盘一样。

4.44　简单、简约——物质与精神的对话

"简单"是只求满足基本的物质需求，强调物的功能可靠性，是一种追求实在的生活态度，如图4-95所示。

"简约"则要在简单的基础上突出这个"约"字，简到尽头还要不失美感，带有值得人们来"品"的语义，一些文化特征不是硬凑上去的而是顺着材料信手而为的，不刻意张扬、不添枝加叶，一切服从自然、妥帖，又不失品位。

"简约"设计可能比实现复杂的东西更难，因为要在笔墨不多的前提下做出与众不同的效果，设计师必须花很多力气让自己的思维变得简单、有条理，如图4-96所示。因为一目了然，所以难做。别人设计

常常做加法，"简约"考虑的是要做减法，找出最能匹配对象的美的元素，若能获得成功，最终它的价值就非常大，如图4-97所示。因为一旦达到了这一步，说明设计者找到了物质与精神的最佳结合点了。其他类型的设计无非就是这些元素的适当组合而已。

图4-95　设计展一例（一）

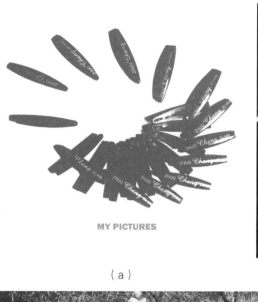

MY PICTURES

（a）

（b）

（c）

（d）

图4-96　创意设计

图4-97　设计展一
例（二）

4.45　曲面练习展示及设计应用案例

图4-98至图4-102为曲面练习展示。

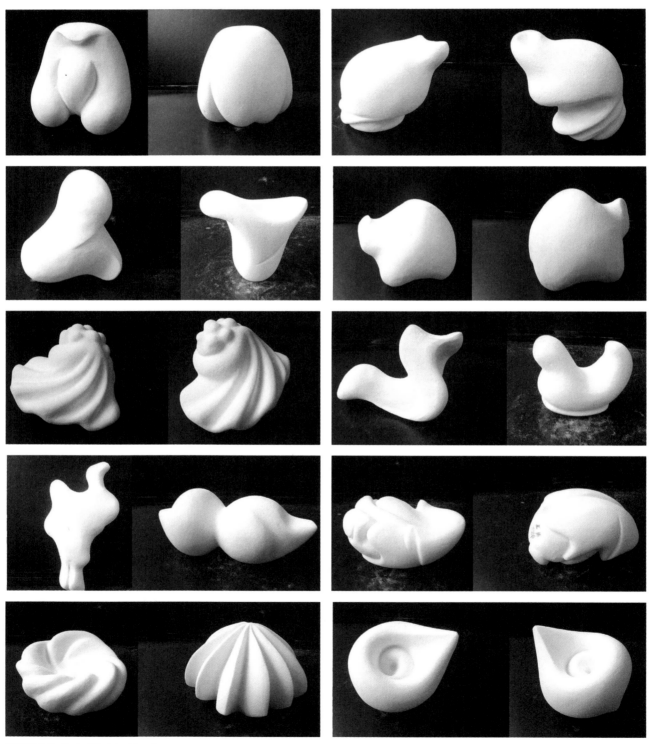

图4-98　曲面练习展示（一）

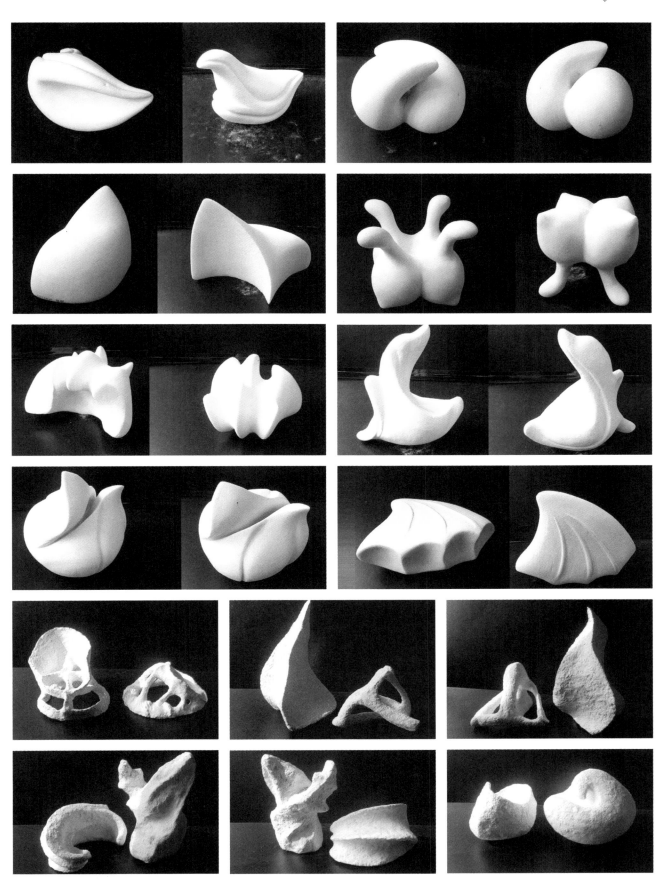

图4-99　曲面练习展示（二）

图4-100 曲面练习展示（三）

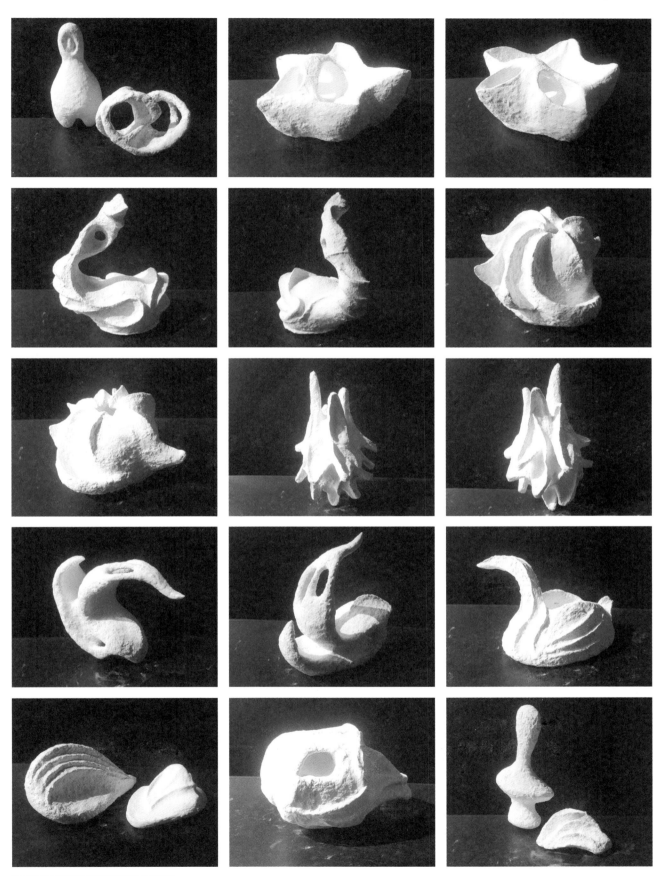

图4-101　曲面练习展示（四）

图4-102 曲面练习展示（五）

图4-103至图4-107为设计应用案例。

（a）　　　　　　　（b）　　　　　　　（c）

（d）　　　　　　　（e）　　　　　　　（f）

图4-103　设计应用案例（一）：可储物多工位写生台

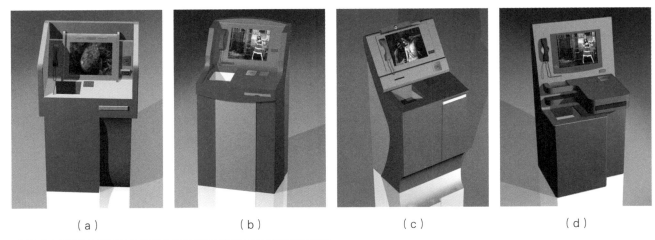

（a）　　　　　　（b）　　　　　　（c）　　　　　　（d）

图4-104　设计应用案例（二）：银行票据处理自助系统（1）

  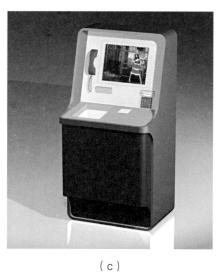

（a）　　　　　　　　　　　（b）　　　　　　　　　　　（c）

图4-105　设计应用案例（三）：银行票据处理自助系统（2）

 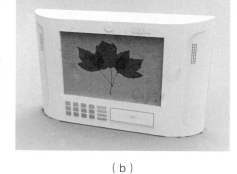 

（a）　　　　　　　　　　　（b）　　　　　　　　　　　（c）

 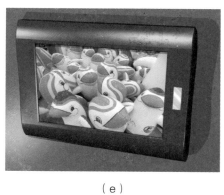 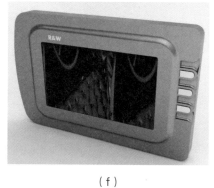

（d）　　　　　　　　　　　（e）　　　　　　　　　　　（f）

图4-106　设计应用案例（四）：室内可视对讲机（1）

☑ 学设计的常纳闷：甲方给了那么多制约，还能出什么新创意？看看人脸，无非眼耳口鼻发，但几乎没有两张
　 "嘴脸"是相同的，这就是大自然在教你什么叫"创意"！

（a）

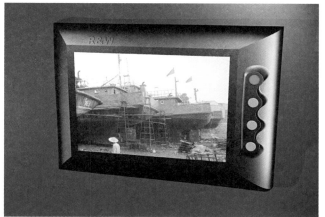
（b）

（c）

（d）

（e）

图4-107　设计应用案例（五）：室内可视对讲机（2）

练习题

1. 以若干个几何体，例如正方体、长方体、球、椭球等，一次只取一种，应用本章阐述的常用设计法则构思并设计出符合美学要求的造型。

2. 生物原形—渐变—形态设计—合理夸张与变形—抽象化—色彩与机理设计—分离或组合。由生物（如树叶、贝壳等）变形做10个灯具设计方案。

3. 限定用两个基本形元素，设计（快速手绘方案）50个"很纯"、很具美感的"器物"。

4. 通常经典产品已经有了约定俗成的造型特征，例如锁具具有刚毅的外形——但能否反向思考让之彻底的柔软化？例如可否设计成滴水状？，按此思路选一款传统产品进行造型的颠覆性设计。

5. 留意一种稍纵即逝地现象记录下来，挪为他用，演绎成极富"设计"感的平面创意或三维造型。

参考文献
REFERENCES

［1］［美］盖尔.格利特.汉娜. 设计元素［M］. 中国水利水电出版社，2002.

［2］［美］拉皮格斯. 建筑师的生活：一切源自设计［M］. 北京：清华大学出版社，2012.

［3］［加］罗伯特.G.库珀.新产品开发流程管理［M］. 北京：电子工业出版社，2013.

［4］陈志华. 外国建筑史［M］. 北京：中国建筑工业出版社，2009.

［5］RA Baron, DE Byrne, BH Kantowitz. PSYCHOLOGY: UNDERSTANDING BEHAVIOR Second Edition [M]. U.S.A.: Holt, Rinehart and Winston, 1980.

［6］李砚祖. 工艺美术概论［M］. 长春：吉林美术出版社，1991.

结束语
CONCLUSION

就设计而言，有时经验意味着落伍和"老土"，因此只有不断地求新，否定自己，倚老卖老是没有市场的。

看看一些后来成为设计大师的人，年轻甚至年少时大多是不安分的"坏小子"：或桀骜不驯，或走火入魔，或特立独行，或……就是很少有按部就班，凭借大学文凭铸就大师，修成正果的。

设计的前途在于应用与传播，从这层意思来理解，设计师只是一位打工者，设计的作品能否为市场接受，其被重视的程度远远大于设计师燃烧掉的脑细胞，企业家的作用无疑值得尊敬，因为在市场不确定的情况下是企业家的魄力决定了作品的命运——大量的前期开发费用与市场布局，这不是设计师能承担的，所以把大半个身子压在自己的位置上，只把一个脚搁在客户的立场怎么行？——除非你是设计大腕，有特立独行的气场，否则就是卡拉OK，自拉自唱、自娱自乐而已。

更要放开眼去，审视周遭的所有设计，辨出高低左右，半个身子参与进去，你会发现，所有的设计师都曾经有你的今天。努力和投入是成功最有效的秘诀。